KB125002

이기진 교수의
만만한 물리학

이기진 교수의 ——————— 만만한 물리학

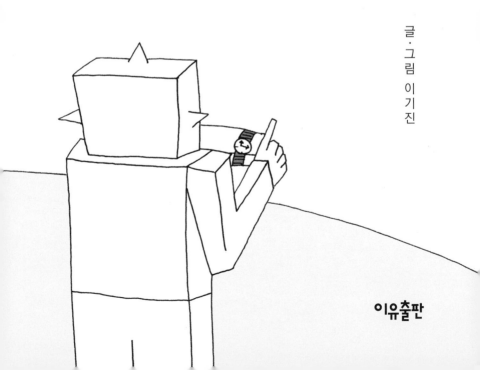

글·그림 이기진

이유출판

학교에 일찍 가는 것을 좋아한다. 조용한 이른 새벽길을 걷다 보면 소리가 들린다. 심장에서 똑 똑 똑. 그 소리를 듣는 것은 흥분되는 일이다. 그 소리 속엔 적당한 습도와 적당한 온기가 있다. 이런 느낌은 해가 뜨면 이내 증발해 버리지만, 여기에 쓴 글들은 그 온기와 습기가 사라지기 전에 쓴 글들이다.

"무슨 과예요?" "물리학과인데요." 하면 먹히던 20대 시절이 있었다. 당시 물리학은 내가 믿는 동네 형님과 같은 존재였다. 자존심, 배경, 뭐 이런 멋진 구석이 있었다. 그 형님이 좋아 그 형님을 믿고 물리학을 시작했다. 내가 본격적으로 실험실 바닥에 침낭을 깔고 실험을 하면서 밤을 새우기 시작한 시기다.

그 후엔 물리학이라는 멋진 단어가 블랙홀처럼 사라졌다. 일순간. 물리학에서 벗어나지 않기 위해, 멀어지지 않기 위해 하루하루 치열하게 살았던 시기가 30대였다. 한치라도 벗어나면 지구의 끝일 것 같은 긴장감. 내 주위에 존재하는 것들을 지키기 위해, 뭐 이런 책임감으로. 그 중심엔 물리가 있었다. 치열함이란 단어가 그 어딘가에 파편처럼 떨어져 있을 것 같은 시기였다.

"물리학자 스타일이시네요." 서울로 돌아와 다림질하지 않은 후줄근한 티셔츠를 입고 모임에 가면 자주 듣는 이야기였다. 학생들과 멋진 시간을 보냈다. 아주 멋진 시간. 똘망똘망한 눈동자와 말을 안 해도 말귀를 알아듣는 젊은 친구들과 함께 일했던 시간은 삶에서 최고로 행복한 시간이었다. 지금도 마찬가지지만, 작은 차이가 있다면 그땐 심장의 소리가 더 컸다는 것 정도!

이 책을 읽는 사람들이 어떤 느낌으로 읽을까 궁금하다. 책을 내면 항상 드는 생각이다. 경기장 안에서 경기를 하고 있는 사람 입장에서. 이 책도 마찬가지다. 바라건대 이 책에서는 문단과 문단, 단어와 단어 사이에 존재하는 이야기를 봐 주셨으면 하는 바람이다. 무리일지도 모른다. 내 의도한 뜻대로 되지 않을 수도 있겠지만 일개의 물리학자가 어떻게 하겠는가? 이 책에서 처음 시도해 본 3컷 만화는 이런 문단과 문단, 단어와 단어가 만들어낸 틈 사이로 불어오는 바람 정도로 봐주셨으면 한다. 만화에 남아 있는 지우개 자국과 거친 선들도 이 바람의 흔적이다. 다른 걸 다 떠나 이 책을 다 읽고 나면 재미난 물리학자네! 하고 피식 웃고 나서 이 책을 가볍게 톡톡 두드리고 난 다음 조용히 덮어줬으면 한다. 어려운 부탁일까?

2

물리학자가
바라보는 세상

5
우주와 삶의 비밀

1

과학은 오늘도
열일 중

양자역학의 시대는
지금부터다

양자역학이 뭐예요?

"양자역학이 뭐예요?"

이런 질문을 많이 받는다. 이런 질문을 받을 때마다 양자역학이 탄생한 지 100년 이상 되었는데 왜 생소하게 느껴질까 하는 생각을 한다. 지금 우리는 그물처럼 펼쳐진 깊고 넓은 양자의 세계에 살고 있는데 말이다.

양자라는 단어는 더 이상 쪼갤 수 없는 최소의 물리적 단위를 나타낸다. 모든 물리량을 쪼개고 쪼개면 양자라는 작은 단위가 된다. 물질은 입자와 파동의 성질을 동시에 지니는데, 이 양자의 움직임을 예측하고 해석하는 것이 양자역학이다. 양자를 발견함으로써 보이지 않는 원자의 존재와 물질의 구조를 설명하고, 반도체 트랜지스터를 만들 수 있게 되었다.

양자를 발견한 사람은 독일 물리학자인 막스 플랑크Max Planck이다. 지금으로부터 약 120년 전인 1900년의 일이다. 아인슈타인Albert Einstein은 뉴턴Isaac Newton의 만유인력의 법칙과 비교될 만한 발견을 이룬 그에게 깊은 존경심을 보였다. 그 이유는 명백했다. 고전의 세계에서 새로운 현대의 세계를 여는 열쇠를 발견했기 때문이다. 새로운 세상을 열수 있는 열쇠를 막스 프랑크가 쥐고 있다는 것을 알아본 것이다.

내가 대학생 1학년이었던 1980년, 원자를 볼 수 있는 현미경이 발견되었다. 이 현미경의 개발로 이 시점에 마이크로 세계에서 나노의 세계로 세상이 전환되었다. 이론에 의한 상상만 하다 원자를 직접 볼 수 있게 되었다는 것은 혁명적인 사건이었다. 양자의 세계는 나노의 세계다. 양자역학과 나노의 세계가 융합되면서 세상의 진화는 급물살을 탔다. 마치 막힌 바위틈에서 구멍을 찾은 물살처럼. 우리가 한순간도 손에서 놓을 수 없는 핸드폰이 만들어지고, 달과 화성에 인간을 보내는 프로젝트가 시작되고, 전 세계를 하나로 연결하는 하나의 통신망이 완성되었으며, 반도체 집적 회로를 이용해 1초당 20조 이상의 연산이 가능한 슈퍼컴퓨터가 개발되었다. 이 모든 것이 양자역학이 만들어 낸 가시적 효과였다.

2000년도부터 반도체 기술을 이용해 뇌의 기능을 똑같이 재현하는 야심 찬 프로젝트가 시작되었다. 인간처럼 생각하고 판단할 수 있는 뇌를 구현하는 것은 인간의 오래된 꿈이었다. 인간을 대신할 로봇을 만든다는 것은 인간의 뇌를 완벽히 옮겨 놓은 기계로 만든 되를 만드는 일이었다. 인간의 뇌 속에 들어 있는 뉴런은 천억 개가 넘는다. 은하수 안에 존재하는 별의 개수와 맞먹는다.

하나의 뉴런은 수만 개의 뉴런과 서로 연결되어 있다. 이런 뉴런의 연결고리는 조 단위를 뛰어넘는다. 이 시스템을 구현하기 위해서는 컴퓨터 시스템이 필요했다. 문제는 무려 4층 건물 크기의 슈퍼컴퓨터 수천 대가 필요했다. 이 문제는 그렇다 쳐도, 또 다른 문제는 이 컴퓨터를 구동시키기 위해 수천 메가와트의 발전소가 필요하다는 것이었다. 도시 전체의 전력이

박사님!
양자, 분자, 원자, 양성자
중성자, 전자, 핵자.
왜 모두 "아들 자(子)" 로
끝날까요?!

필요했다. 그리고 이 초대형 슈퍼컴퓨터에서 나오는 열을 식혀 주지 않으면 컴퓨터의 회로가 녹아 버린다. 그래서 큰 강줄기 규모의 냉각수가 필요했다. 이런 한계를 극복하기 위해 양자컴퓨터 기술이 시도되었다.

2019년 초 IBM에서 가로세로 크기 2.7m에 냉각시스템이 갖춰진 양자컴퓨팅 시스템을 공개했다. 0과 1의 비트 신호로 작동되는 일반 컴퓨터와 달리 양자컴퓨터는 큐비트로 데이터를 처리한다. 기존의 슈퍼컴퓨터가 수백 년이 걸려도 풀기 힘든 문제를 단 몇 초 이내에 풀 수 있다. 이런 능력이 4차 산업 혁명과 미래의 인공 지능, 사물 인터넷, 클라우드, 빅데이터, 모바일 ICBM 기술의 핵심적인 열쇠를 쥐고 있는 것은 당연하다.

양자역학에서 다루던 기본 개념이 이제는 양자컴퓨터로 실현되었다. 양자컴퓨터가 일반화된다면 이세돌 바둑 프로기사와 대결했던 알파고보다 더 빠르고 정교해진 인공 지능을 일반 사람들이 이용하게 될 것이다. 진정한 양자역학의 시대는 지금부터다. 아니, 우리가 인식 못 하는 사이 이미 저 멀리서 우리를 바라보고 있는지 모른다.

그건
맹자선생에게
물어 봐야
할것 같다,

도대체

양자역학이...

16

양자

양자는 영어로 퀀텀quantum이라고 한다. 복수형은 퀀타 quanta다. 물리학에서는 더 이상 쪼갤 수 없는 최소 물리량 의 단위를 의미한다. 우리는 양자를 일상생활에서는 느낄 수 없다. 원자 레벨의 미시적인 세계의 물리량이기 때문이다. 이 양자 값은 양자화quantized 되어 있다. 양자화의 특징은 연 속적이지 않고 정수배로 변한다. 여기서 정수는 0, 1, 2, 3과 같은 값을 말한다. 즉, 0.5 양자, 1.2 양자, 이런 값은 존재하 지 않는다는 의미다.

역학

물체의 운동을 다루는 학문이 역학이다. 운동학이라는 단어 키네마틱스kinematics는 물체의 운동을 정량적으로 설명하 는 학문을 말한다. 다이나믹스dynamics, 즉 동역학은 운동을 일으키는 원인을 다루는 학문이다. 뉴턴의 운동 제1, 2, 3 법 칙이 물체의 동역학을 설명한다. 제1법칙은 관성의 법칙, 제 2법칙은 물체의 힘과 가속도에 대한 운동의 법칙을 설명하 고, 제3법칙은 가한 힘에 대한 반작용의 법칙을 설명한다.

양자컴퓨터

우리가 사용하고 있는 노트북은 2진법을 사용한다. 0과 1 두 종류의 숫자로 수를 나타내는 방식이다. 우리가 일상적으로 사용하는 수는 십진법이다. 0에서 9까지의 10종류 수로 나 타낸다. 이진법을 쓰는 일반 컴퓨터는 정보의 가장 작은 단위 인 비트bit를 쓴다.

청춘을 닮은
양자의 세계

예측 불가능한 미래를 껴안고
현실과 이상 사이를 오가는
청춘의 시간들….

"교수님, 시간을 되돌릴 수 있다면 언제로 돌아가고 싶으세요?" 이런 질문에 "지금이 꼭 만족스러운 상태는 아니지만 돌아가고 싶은 시간은 없어요."라고 하면 다들 의아하게 생각한다. 혈기 넘치는 20대 시절로 되돌아가고 싶다는 대답을 원했던 것일까? 나의 20대는 나름 낭만적이고 멋진 시간이었지만 예측 불가능한 시기였다. 구르는 돌처럼 언제 어떻게 어디로 튈지 모르는 시절이었다. 그런 불안하고 힘든 시간으로 굳이 되돌아가고 싶은 생각은 없다.

젊음의 순간들은 어떻게 변할지 모른다. 모든 가능성 가운데 자신의 위치를 시시각각 찾는 시기다. 이런 20대의 삶은, 확률적으로 설명되는 원자 속 전자의 운동을 떠올리게 만든다. 예측 불가능한 미래를 껴안고 현실과 이상 사이를 오가는 청춘의 시간들….

전자의 움직임을 이해하려면 양자역학의 문을 열어야 한다. 양자역학의 세계는 더 이상 가설의 세계가 아니다. 하지만 이런 원자의 세계를 직관적으로 이해하기란 쉽지 않다. 인간들이 사는 거시 세계와 원자들의 미시 세계는 크기에서 너무 큰 차이가 나기 때문이다. 어찌 10억 분의 1미터의 미지의 세계를 인간이 직관적으로 이해할 수 있을까?

1926년 오스트리아 물리학자 에르빈 슈뢰딩거Erwin Schrodinger는 양자의 세계를 이해할 수 있는 물리학적 운동 방정식을 발견했다. 뉴턴의 운동 방정식이 행성의 움직임을 포함해 지구상에서 일어나는 움직임을 정확히 예측할 수 있다면, 슈뢰딩거의 운동 방정식은 전자의 움직임을 확률적으로 예측할 수 있는 방정식이다. 이 방정식을 이용하면 전자가 원자 안 어디에 존재하는지 정확히는 알 수 없지만 확률적으로 해석이 가능하다.

뉴턴 고전역학의 세계와 양자역학의 세계에는 분명 경계가 존재한다. 마치 현실과 이상 사이를 구분 짓는 경계처럼. 그 경계를 가르는 선은 어디쯤일까? 크기로 이야기하면 원자 1000개에서 1만 개의 크기에 해당하는 나노 사이즈의 세계다. 이러한 세계를 중시계mesoscopic system라고 한다. 지금의 컴퓨터 메모리의 크기에 해당된다. 많은 반도체 회사이들이 경쟁적으로 반도체 집적도를 높이기 위해 집적 회로의 선폭 간격을 10나노미터nm 이하로 줄이는 노력을 하고 있다. 이렇게 간격이 줄어들면 집적 회로들 사이에서 양자 간섭이 일어나기도 한다. 반도체 공정이 한계선상을 넘어 원자의 세계로 진입한 것이다.

이처럼 반도체 메모리 칩 자체가 슈뢰딩거의 방정식이 적용되는 세계 속에 놓여 있다. 원자의 세계를 이해하고, 양자 한계를 뛰어넘는 반도체를 만들어 세상에 내놓는 것은 얼마나 어려운 일인가? 그런데도 우리는 불가능의 세계를 현실로 바꾸고 양자의 세계를 현실로 이끌어내고 있다. 이 얼마나 멋진 일인가?

양자의
세계

반도체는
한계 극복의 역사

시끌 시끌

이제 양자 세계의 입구에
도착한 모양이군.

아르메니아공화국의 전파연구소에서 연구할 때의 일이다. 코카서스 산 정상에 있는 전파관측소에 올라가야 했다. 차를 타고 올라가는데 갑자기 머리가 아프고 속이 불편하고 몸을 가눌 수 없었다. 같이 갔던 동료에게 고통을 호소하고 내려왔다. 일시적인 일로 생각하고 안정을 취하고 다시 올라가도 마찬가지였다. 당시는 이 증상이 고산병인 줄 몰랐다.

이후 차를 몰고 스페인 바르셀로나에서 프랑스로 넘어가는 피레네 산맥에서 두 번째로 고산병을 경험했다. 산맥을 넘는 중간에 차를 세우고 고통 속에서 동료에게 운전대를 넘겨줄 수밖에 없었다. 그 높이가 정확히 2000m였다. 그때 내 나이는 30대 초반이었다. 나의 노력으로 넘을 수 없는 절대적, 육체적, 정신적 한계가 존재한다는 것을 처음으로 알았다. 고도 2000m. 그 전엔 뭔가 노력하면 다 가능할 것으로 믿었다. 꿈을 가지고 부단히 인내하고 기다리면 언젠가 가능할 것으로 생각했다. 하지만 나에게 고산병은 달랐다. 두려움까지 첨가된 고산병은 내가 극복할 수 없는 한계 중 하나가 되었다.

반도체의 역사는 한계 극복의 역사다. 정복할 수 없는 정상의 높이를 갱신하는 것과 같다. 1970년 메모리 반도체는 회로 폭 10마이크로미터 ㎛에 1킬로바이트KB 용량이었으나, 지금은 회로 폭 1나노미터에 8기가바이트GB 용량의 제품도 나오고 있다. 크기는 1만 배 줄어들었고 용량은 800만 배 늘어났다. 이 발전 속도는 양자 한계quantum limit로 인해 더뎌지고 있지만 한계에 봉착한 것은 아니다.

반도체 용량을 늘리기 위해서는 선폭을 줄이는 미세화 작업이 필요하다. 선폭을 줄이면 줄일수록 전자의 이동거리가 짧아져 동작 속도가 빨라지고 소비 전력이 줄어든다. 하지만 선폭이 10나노미터인 공정을 하기 위해서는 새로운 마스크와 감광제, 광학계 등 노광 공정 전 영역에 걸쳐 신기술이 필요하다. 이런 일들은 상당한 시간, 비용, 노력이 필요하지만 불가능한 일은 아니다.

최근 물리학자들은 1나노미터보다 10배 작은 옹스트롬 스케일로 뛰어들었다. 원자의 크기는 0.1나노미터로 1옹스트롬인데, 원자 사이에 틈을 만들어 빛을 모으거나 통과시키는 기술을 개발한 것이다. 10나노미터 공정의 문제를 극복하는 게 핵심인 지금 시점에 너무 앞선 일이라고 생각할지 모르지만, 반도체가 달려온 가속도를 생각한다면 그렇게 빠른 일도 아니다.

최근 스위스의 융프라우 요흐에 다녀왔다. 이곳엔 유럽에서 제일 높은 철도역이 있다. 무려 고도 3454m. 함께 올라간 일행들은 전망대에서 파는 컵라면이 서울보다 건더기가 많다는 둥 알프스의 진정한 맛은 라면 국물 맛이라는 둥 하며 음식을 맛있게 먹었다. 괜찮겠지 하고 방심하고 올라온 나는 머리를 죄는 통증에 후회를 하며 만년설로 뒤덮인 몽블랑을 눈앞에 두고도 내려가는 기차가 언제 올까만을 생각했다.

노력과 실패, 도전과 재도전, 이런 삶의 일상적 움직임은 산 아래 마을의 이야기처럼 여유롭고 아름다운 이야기들이다. 10나노미터 이하 반도체 공정의 어려움에 대한 지금의 이야기는 양자 한계가 만든 엄격한 높이에 비하면 아마도 산 아래 마을 입구에서 웅성대는 이야기 정도에 불과하지 않을까.

한계와

경계

숨을 곳은 없다,
GPS가 있는 한

GPS 없는 세상은
상상할 수 없다.

지난해 대서양 근처 프랑스 생나제르 바닷가 연구소에서 지낸 적이 있다. 깊은 잠이 드는 새벽, "띵동!" 하면서 기습적으로 동네 마트의 안내 문자가 날아오곤 했다. "삼겹살 특가 100g 2364원, 새물고등어 5000원…" 한 동료 교수는 지난 8월 15일 조카들과 아무 생각 없이 광화문 책방에 들렀다가 보건소로부터 코로나 검사를 받으라는 연락을 받았다. 이제는 세상 어디를 가도 핸드폰을 들고 있다면 세상이 나를 볼 수 있게 되었다. 그만큼 세상은 점점 더 좁고 투명해지고 있다.

내 작은 움직임 역시 세상과 연동되고 있다. 예전처럼 숨을 곳은 이제 없다. 핸드폰의 전원이 켜져 있는 순간은 내가 원하든 원치 않든 세상과 연결된다. 내 위치 정보를 줘야 세상으로부터 정보를 받을 수 있는 시스템이기 때문이다. 핸드폰의 전원을 끈다면 이는 세상과의 단절을 의미한다.

이런 투명한 네트워크의 핵심엔 인공위성을 이용한 GPSGlobal Positioning System(위치 확인 시스템)가 있다. GPS는 지구상 어디에서든지 자신의 위치와 속도, 시간을 알 수 있는 시스템이다. 시간 역시 핸드폰을 통해 한 치의 오차도 없이 전 세계 사람들과 정확한 시간을 공유하고 있다.

현재 지구에는 24개의 GPS 인공위성이 위치 정보를 제공하고 있다. 이 위성들은 고도 약 2만 km 상공에서 약 12시간에 한 번씩 지구 주위를 공전한다. 이 위성 안에는 10만 년 동안 1초의 오차를 내는 아주 정밀한 4개의 원자시계가 들어 있다.

GPS 위성들은 전파를 통해 시계의 정확한 시각과 위성의 정확한 위치를 지상의 수신기로 보내 준다. 전파가 수신기까지 오는 데 시간이 걸리기 때문에 시간의 차이를 가지게 된다. 이 시간의 차이에 빛의 속도를 곱하면 지상의 수신기에서 인공위성 간의 거리를 구할 수 있다. 물리학적으로 거리는 시간에 속도를 곱하면 얻을 수 있는 값이기 때문이다. 기본적으로 4개의 위성으로부터 나오는 전파의 시간 정보를 분석하면 공간상 한 점의 위치를 정확히 알 수 있다. 이 오차는 30m까지 발생할 수 있지만 군사용 GPS는 오차 범위를 1cm까지 줄일 수 있다.

GPS는 1973년 군사 목적으로 미국 국방성에서 개발한 시스템이다. 지난 1983년 대한항공 여객기가 소련의 영공 침범으로 격추되자, 당시 미국 정부는 민간에서 GPS를 사용하는 것을 허락했다. 2000년 이후에는 미국 정부가 정책상 고의적으로 잡음을 보내는 것까지도 중단함으로써 민간용 표준위치 서비스의 정밀도가 30m 이하로 정밀해졌다. 이후 GPS는 차량, 교통, 범죄, 해양, 항로, 항공, 측량, 지진 감지, 인명 구조 시스템 등 우리 생활 곳곳에 스며들게 되었다. 이제 그 누구도 GPS 없는 세상은 상상할 수 없다.

우리나라는 2024년 차기 위성 '무궁화위성 6호'를 띄우면 한국형 정밀 GPS 보정 시스템을 갖추게 되고, 2035년 7기의 항법 위성을 띄우면 한국 독자적인 GPS 시스템을 갖추게 된다. 늦은 감이 있지만 다른 나라에 의존하지 않고 독자적인 위치 시스템을 운영한다는 것은 매우 중요한 일이다. 마치 지구상에서 대한민국의 정확한 위치를 자리매김하는 것처럼 말이다.

숨을 곳은

있을까?

응답하라, 외계인!
오버!

우리 지구의 문명은
어느 수준일까?

나의 물리학은 지구로부터 멀리 떨어진 별, 그 별들이 모여 있는 우주에서 시작되었다. 달은 우주와 지구를 연결하는 다리였다. '우주에 무엇이 있을까?' '우주엔 우리와 같은 인간이 존재할까, 아니면 우리보다 더 진화된 우주인이 살까?' '외계 생명체를 만날 수 있을까?' 이런 엉뚱한 공상을 하면서 초등학교를 보냈다.

그러던 어느 날 인류 최초로 3명의 인간을 실은 우주선이 달에 도착했다. 그 장면을 흑백 TV로 보았다. 잊을 수 없는 충격이었다. 내 삶을 바꾼 장면 중 하나다. 기차도 한 번 타 보지 못하고 비행기를 가까이서 본 적도 없는 나에게는 분명 큰 충격적인 사건이었다.

그 영향이었을까. 그 후 물리학자가 되었다. 지금은 우주가 아니라 마이크로파를 이용해 눈에 보이지 않은 작은 나노의 세계를 연구하고 있다. 나에게 이제 나노의 세계가 우주가 된 것이다. 한 번도 직접 보지 못한 작은 나노의 세계를 실험실에서 매일매일 상상하고 관찰하고 실험하고 계산하고 있다. 하지만 실험실에서 고개를 돌려 밤하늘을 올려다보면 마음은 항상 저 거대한 우주로 열려 있다. 마치 떠나온 고향처럼.

얼마 전 푸에르토리코에 있는 아레시보 관측소의 라디오파 관측 전파망원경이 붕괴되었다. 1963년에 만들어진 이 전파 망원경은 그동안 전 은하를 대상으로 라디오파 신호를 관측하면서 외계 행성과 지구로 향하는 소행성을 추적해 왔다. 과학자들은 우주로부터 날아오는 라디오파 신호를 눈여겨볼 수밖에 없는데, 문명의 발달한 외계 행성이라면 고유한 형태의 전파 에너지를 방출할 것이기 때문이다. 문명과 과학 기술은 에너지의 소모량에 의존하므로, 만약 문명이 발달한 행성이 존재한다면 이는 분명 라디오파의 세기로 나타날 것이다.

우주에 존재하는 외계 문명의 단계는 전파 에너지의 사용량에 따라 보통 3~4단계로 분류된다. 이 분류법은 1964년 러시아의 과학자 니콜라이 카르다쇼프Nikolai Kardashev가 처음 제안한 것으로, 그는 외계에서 날아오는 라디오파를 분석해 외계 문명을 단계별로 분류했다.

외계 문명의 1단계는 행성에 쏟아지는 항성의 에너지를 이용하는 문명이고, 2단계는 해당 항성계의 항성 에너지를 전부 이용하는 문명이며, 3단계는 은하계의 에너지를 모두 이용하는 문명이다. 4단계는 추측컨대, 우주의 68%에 달하는 암흑에너지를 사용하고 있을지 모른다. 단계별 문명의 에너지 사이에는 천문학적 차이가 존재한다.

그렇다면 우리 지구의 문명은 어느 수준일까? 우주 문명 진화 스케일로 볼 때 우리는 아직 원시 수준에 머물러 있다. 우리 인간은 숲에서 살던 본능을 아직 떨치지 못하고 있는 원시인 상태이고, 에너지 역시 과거의 죽은 동식물로부터 만들어지는 석탄과 기름 에너지에 의존하고 있다. 따라서 우주 입장에서 보면 우리의 문명은 거의 0단계라 할 수 있다.

아레시보 전파 망원경의 붕괴로 우주와 연결된 하나의 끈이 사라져 버렸다. 지금까지 외계 문명의 흔적을 발견하지 못했지만, 그것이 존재하지 않는 것은 아닐 것이다. 아니면 외계 문명의 정보 전달 방식이 우리보다 높아서 아직 0단계인 지구식 망원경에는 감지되지 않을 수도 있다. 아레시보 전파 망원경의 붕괴로 마치 핸드폰의 전파가 갑자기 유실된 기분이지만, 언젠가 다시 아레시보 전파 망원경이 세워지기를 기대해 본다.

니콜라이 카르다쇼프의

라디오파

체크인!
우주호텔

2027년이라니,
정말 얼마 남지
않았다.

우주호텔이 2027년에 문을 연다고 한다. 달나라의 장난인가 생각해 보지만 현실적으로 불가능한 일은 아니다. 지구에 사는 인간들은 오래전부터 끝없이 기발하고 엉뚱한 생각들을 해 왔고, 시간이 걸리기는 했지만 그 생각의 방향이 사고의 지평선을 넓혀 왔다. 그 결과로 새로운 신세계가 열리기도 했다.

우주에 만들어질 호텔 '보이저 스테이션'은 지상 500~550km 높이 궤도에서 지구 주위를 돌 것이다. 우주개발회사 오비탈 어셈블리는 호텔에서 생활하는 사람을 위해 지구 중력의 6분의 1에 해당하는 인공 중력을 만든다고 한다. 참고로 달의 중력도 지구 중력의 6분의 1이다. 인공 중력은 원심력을 이용해 만든다. 거대한 원형의 우주 정거장을 회전시켜 그 원심력으로 중력을 만드는 것이다. 이런 원리를 제시한 사람은 콘스탄틴 치올콥스키Konstantin Tsiolkovsky로, 1920년대에 처음으로 우주 정거장을 고안한 러시아 과학자다. 우주를 넘나들던 그의 기발한 상상력이 100년이 지난 후 실현되는 것이다. 멋지지 않은가?

무중력 상태에서는 중력이 작용하지 않기 때문에 인간을 포함한 모든 물체는 공중의 먼지처럼 허공을 떠돌게 된다. 중력을 느끼며 지구에서 살아온 인간으로서는 분명 혼란스러운 일일 것이다. 하지만 이런 예측하지 못한 혼란한 상태를 즐기기 위해 여행을 떠나는 것 아닐까. 그것도 우주로 갈 땐 말이다.

하지만 이런 재미있는 점만 있는 것은 아니다. 지구에서만큼 힘을 쓰며 일을 하지 않는다면 근육은 퇴화하고 만다. 그렇게 되면 근육이 슬금슬금 없어져, 마치 외계인처럼 뼈만 남게 될 것이다. 이 외계인이 그대로 지구에 돌아온다면 그 역시 무척 힘들 것이다. 지구의 강한 중력 때문에 몸을 움직이는 데 더 큰 힘이 필요할 것이고, 탱탱한 피부가 쭈글쭈글해지거나 다리가 짧아질 수도 있다. 마치 영화 〈ET〉 속 주인공처럼 말이다.

그래도 우주호텔에 도착해 느낄 수 있는 것들은 분명 감동일 것이다. 지구에서 가장 멀리 떨어진 곳에서 지구를 바라보는 마음. 암흑의 우주에서 유일하게 파랗게 숨 쉬는 지구를 바라본다는 것은 어떤 마음일까? 그 지구에 가족이 있고, 친구가 있고, 평범한 일상이 있고. 지구에서 살았던 삶의 의미를 가슴속 깊이 느낄 것이다. 또 '지구에 돌아간다면 어떻게 살아야 할까?' 하는 생각도 하게 될 것이다. 2027년이라니, 정말 얼마 남지 않았다.

중력이 없는 곳에서는 질량을 가진 모든 물체의 무게가 0이 된다. 우주호텔에서는 우리의 몸무게가 6분의 1로 줄어들고 신체 모습도 변할 것이다. 상대적으로 뼈마디가 늘어나 키가 커지고 얼굴은 빵빵해질 것이다. 지구의 중력이 잡아당기던 몸 구석구석을 우주호텔은 6분의 1의 힘으로 잡아당기니 압력이 낮아져서, 과장을 보태자면 몸이 풍선처럼 늘어날 수도 있다. 무게가 줄어드니 지구에서보다 움직이는 데 힘이 덜 들 것이다. 무거운 물체를 쉽게 옮길 수 있고, 날쌘 다람쥐처럼 지구에서보다 훨씬 높이 공중제비를 돌 수 있을 것이다. 달과 같은 중력을 체험할 수 있는 우주호텔, 정말 기대되지 않는가?

치올콥스키

우주 호텔

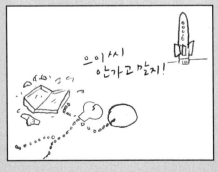

잡음과 신호 사이에서
가능성 찾기

작은 신호가 나타나면
세상을 얻은 것처럼 행복했다.

얼마 전 한 방송 프로그램에 출연해서 내가 하는 연구에 대해 잠깐 설명할 기회가 있었는데, 관심을 보인 분들이 많았다. 마이크로파와 혈당이 어떻게 연결되느냐고, 좀 쉽게 설명해줄 수 없느냐고 질문을 받았다. 사실 내가 하는 연구를 쉽게 설명하는 게 세상에서 제일 힘든 일이라고 생각한다. 지금도 미지의 세계를 헤매고 있는데 마치 다 알고 있는 사람처럼 정색하고 설명할 수 있단 말인가? "무슨 연구하고 있어요?" 이렇게 물으면 입에서 맴도는 말은 "아~ 그냥 연구하고 있어요!" 이 말이 먼저 나오려고 한다. 성의 없게 보이지만 사실이다. 설명하기 귀찮고, 설명한들 알아들을 수 없을 것이고(어렵기 때문에!), 또 상대방에게는 자기 일이 아니지 않는가! "아, 그래요?" 하면 되지만 나는 똥줄이 타는, 안되는 연구를 하고 있지 않은가? 그래도 친절한 물리학자 이미지를 가지고 있는 사람으로서 마이크로파와 혈당의 관계에 대해 마지막으로 설명해 보고자 한다.

내 전공은 마이크로파 물리학이다. 마이크로파는 파장이 1mm에서 1m로 적외선보다 파장이 짧으며, 핸드폰 주파수, 밥을 데워 먹는 전자렌지, 와이파이처럼 지구인들이 요즘 끊임없이 사용하는 주파수 대역의 전자기파다. 만약 마이크로파가 눈에 보인다면 마이크로파 신호가 세상을 뒤덮고 있는 상태로 보일 것이다.

내가 마이크로파 공부를 시작한 것은 운명에 가깝다. 아니, 운명이다! 처음 시작한 연구는 마이크로파 측정 장치를 개발하는 것이었는데, 그때 측정하려고 했던 것은 우주 잡음 정도의 아주 미약한 마이크로파였다. 낮에는 일상 잡음이 심해 주로 새벽에 실험을 진행했다. 밤을 새워 아침이 찾아오는 새벽, 작은 신호가 나타나면 세상을 얻은 것처럼 행복했다. 그렇게 세상을 다 얻은 것 같은 순간의 희열이 나를 이 마이크로파 물리학 세계로 이끌었다. 운명처럼.

마이크로파 연구로 박사학위를 받은 후, 누가 시킨 것도 아닌데 숙명처럼 마이크로파를 통해 세상을 보는 연구를 지금까지 하고 있다. 두 눈을 통해 바라보는 세상은 특정한 일부분의 세계에 불과하다. 우리는 가시광선의 세계만을 인식할 뿐이다. 바라보는 파장에 따라 전혀 다른 세상이 존재한다. 적외선을 통해 바라본 세상, X선을 통해 바라본 세상, 마이크로파를 통해 바라본 세상은 분명 다르다.

나에게 제일 흥미로운 세계는 마이크로파를 통해 바라본 세상이다. 마이크로파라는 특정 파장에 따라 세상의 물질은 각기 다른 반응을 한다. 이런 반응 특성을 물리학적으로 분석하면 그 물질의 특성을 밝혀낼 수 있다. 이런 물리학 분야가 바로 분광학이다. 분광학은 물질에 의해 흡수되거나 반사되는 전자기파의 스펙트럼을 측정함으로써 물질의 물성을 연구하는 학문 분야다.

내가 마이크로파를 이용해 혈당을 연구하기 시작한 때는 20년 전이다. 당시 나는 포도의 당분을 마이크로파를 이용해 비파괴 방식으로 측정하는 연구를 진행했고, 포도 속 당분이 마이크로와 반응하는 정도를 측정해 포도의 달달함을 구분해 낼 수 있었다. 포도는 보통 당분이 12~30 % 정도인 설탕 성분을 가지고 있다. 포도를 먹어 보지도 않고 달달한 정도를 알아낼 수 있었다. 귤, 감, 사과 등등 다른 과일로도 실험을 했다. 이 연구를 바탕으로 마이크로파로 DNA를 검출하는 연구를 시도했다. 성공적으로 DNA를 검출할 수 있었다. 그러던 어느 날 유럽 학회에 다녀오다가 나이 드신 당뇨병 환자가 급히 바늘로 손가락을 찔러 그 피로 혈당을 측정하는 모습을 처음 보았다. 바늘로 찔러 피를 뽑는 모습이 고통스러워 보이기도 했지만 위생적으로도 좋아 보이지 않았다. 그때 이런 생각이 들었다. '마이크로파 분광학을 이용하면, 인간을 위해 뭔가 할 수 있지 않을까?'

마이크로파의 특정 주파수와 반응하는 혈당 성분은 농도에 따라 다른 반응을 보인다. 주파수가 변하기도 할 뿐더러 반사된 마이크로파의 크기도 변한다. 이 반응 정도를 측정하면 혈당의 농도를 측정할 수 있다. 더욱이 고통스럽게 피를 뽑지 않고 피부를 통해 측정할 수 있다. 이때 필요한 것은 혈당과 반응하는 마이크로파 신호를 측정하는 기술이다. 그러나 무시할 수 있을 정도의 잡음과 같은 신호 속에서 혈당치를 측정하는 기술은 어둠 속에서 방바닥에 떨어진 바늘을 찾는 것과 같다.

이처럼 불가능한 것처럼 보이는 세상 속에서 가능성 하나를 찾는 일이 바로 과학이다. 이것이 나의 일이 되다니. 가능성 하나를 믿고 불가능과 가능의 경계선을 매일매일 지나가고 있다.

앗! 마이크로파와 혈당 설명이 되었나요? 이야기하다 보니 가능과 불가능 사이를 헤매는 불분명한 이야기만 한 것 같네요. 언젠가 방바닥에 떨어진 바늘을 찾다 찔리는 날이 오겠죠. 그날까지 열심히 해 보겠습니다. 만약 찾지는 못해도 바늘은 그 방에 있으니 언젠가 누군가 찾을 수 있겠죠. 열심히 하고 있습니다. "연구 잘 되시죠?" 이렇게 물어보시면 다음부터 미소로 답을 드려도 안심이 되겠죠?

잡음과
신호

마이크로파

모든 물체는 플랑크 흑체 복사 법칙에 따라 모든 파장의 전자기파를 낸다. 전자기파를 전자파 또는 전파라고도 부른다. 전파는 파장의 길이에 따라 X선, 자외선, 가시광선, 적외선, 마이크로파, 라디오파 등으로 구분된다. 그중 라디오파보다 짧고 적외선IR보다 긴 파장의 전자기파가 마이크로파이다. 파장의 길이는 1mm~1m 사이로, 파장이 짧아 빛과 유사한 성질이 있다. 마이크로파는 레이더, 전자레인지, 인공위성 통신, 휴대전화, 와이파이 등의 핵심 주파수에 이용되고 있다.

적외선

파장의 길이가 0.75~3㎛의 적외선을 근적외선, 3~25㎛의 것을 적외선, 25㎛ 이상의 것을 원적외선이라고 한다. 마이크로파와 가시광선 사이의 파장으로, 적외선을 측정하면 온도 분포를 알아낼 수 있다. 이를 이용한 카메라가 적외선 카메라다.

X선

X선은 가시광선 파장의 약 1/1000에 해당하는 아주 짧은 전자기파다. 뢴트겐이 1895년 발견하였고, 의학, 물리학, 공학에 광범위하게 응용이 되고 있다. 뢴트겐이 X선 발견 당시 독일의 한 재벌가가 그에게 X선의 특허를 사려고 했으나 뢴트겐은 "X선은 자신이 발명한 것이 아니라 원래 있던 것을 발견한 것에 지나지 않으므로 온 인류가 공유해야 한다."라며 특허 신청도 내지 않았다.

5G 시대와
아날로그 출석부

1초만 늦어도 지각이다.

이번 학기부터 출석 체크가 전자출석 방식으로 바뀌었다. 학생들은 수업을 시작할 때 자신의 핸드폰 애플리케이션으로 출석 체크를 한다. 1초만 늦어도 지각으로 처리된다. 오차도 없는 엄격한 시스템이다. 그전에는 수업이 끝날 즈음 학기 초에 만든 좌석표를 보고 학생들의 출석을 확인했다. 한 학기가 지나면 학생들의 이름을 거의 외울 수 있었다. 이제는 학생들의 이름을 부를 기회가 없어졌다. 당연히 이름도 모르고. 아쉽다.

약 100년 전만 해도 주된 통신 방법은 우편 방식이었다. 사람이 직접 소식을 전했다. 당시 최첨단 통신 방법 중 하나는 지하에 파이프를 연결하고 압축 공기를 이용해 편지를 로켓처럼 생긴 캡슐에 넣어 보내는 방식이었다. 파리 시내 지하에는 복잡한 파이프 연결망이 설치되어 공기의 압력을 이용해 배달하는 우편 시스템이 있었다. 당시로서는 가장 빠르고 획기적인 최첨단 통신 방법이었다.

그 당시 물리학자들은 오늘날 이메일을 쓰듯이 자주 편지를 썼다. 하지만 지금은 키보드를 치면 순식간에 메시지가 상대방으로 전송되는 시대다. 종이 위에 잉크로 기록되던 모든 과학적 교류는 이제 인터넷 웹상이나 하드디스크, 핸드폰에 디지털 신호로 저장된다. 인간적 교류 자체는 변함이 없지만 방식이 달라진 것이다.

무선으로 연결된 통신 시스템이 등장한 것은 비교적 최근의 일이다. 1970년 미국 벨연구소의 한 연구원은 어떻게 하면 구리 선으로 된 전화선을 제거할 수 있을까 하는 아이디어를 붙들고 있었고, 이는 1세대 이동통신 1G 개발로 이어졌다. 이 무선 전화기는 음성 통화만 가능했고 벽돌처럼 무거워 '벽돌폰'이라고 불렸다. 가격은 당시 서울의 아파트 전셋값과 맞먹었다. 그 후 아날로그에서 디지털로 전환되면서 음성과 데이터를 전송할 수 있는 2세대 이동통신 2G의 시대가 열렸다. 당시 전송 속도 단위는 초당 킬로비트Kbps였다. 스마트폰을 이용한 3세대 이동통신 3G의 역사가 시작되면서 데이터 속도에 대한 경쟁이 시작되었다. 5세대 이동통신 5G의 전송 속도는 초당 20기가비트Gbps로 과거와 비교할 수 없는 속도를 가지고 있다. 빨라진 속도가 사회 전 분야에 영향을 미치는 것은 당연한 일이다. 우리의 삶 역시 그 속도를 쫓아가고 있으니.

5G가 다양한 분야의 IoT(사물인터넷)에 본격적으로 활용되는 2030년이 되면 데이터 수요는 감당할 수 없는 상황이 될 것이다. 그때를 대비해 우리나라를 포함해 미국, 핀란드, 중국 연구기관에서 다음 세대의 통신 방식인 6G를 개발하고 있다. 전송 속도를 높이기 위해 양자역학 궤도 각운동량 개념을 이용한 다중 전송 기술이 활용될 예정이다.

또 한 가지 전송 방식 역시 혁명적인 방법으로, 지상이 아닌 인공위성을 이용한 위성통신이 될 것으로 예상하고 있다. 지구를 커버하는 수만 개의 위성이 지구 곳곳에 신호를 전달하는 방식이다. 앞으로 핸드폰 하나면 지구 어느 곳, 지상의 비행기에서도 통신이 가능할 것이다. 전송 속도 역시 6G가 실현되면 지금보다 5배 빨라져, SF 영화와 같이 지구를 하나로 묶는 가상 세계가 인터넷상에 실현될 수 있을 것이다.

앞으로의 통신은 우리가 상상할 수 없는 차원의 도구로 더 빠른 속도로 진화하게 될 것이다. 지금도 충분한데 굳이 더 빠른 6G 통신이나 5G가 필요한가 하는 이야기가 종종 들린다. 그러나 이미 가속도가 붙은 우주선 열차에 올라탄 이상 예전으로 다시는 되돌아가기는 어렵다고 본다. 앞으로 가는 일만 남있다!

그건 그렇고, 빠르게 변하는 세상이라지만 대학에서 아날로그 출석부 정도는 가지고 있어도 되지 않을까 하는 생각을 해 본다. 멋스럽지 않은가? 번개 같은 정보의 세상에서 전통의 종이 출석부. 학생은 정보가 아니라는 멋진 표현이기도 하다.

빛보다 빠른
통신

5G 이동통신

5세대 이동통신을 말한다. 이동통신mobile communications 이란 사용자가 자유롭게 이동하는 중에도 계속 통신을 가능 하게 해 주는 시스템이다. 아날로그 방식의 셀룰러 이동통신 을 1세대 이동통신이라 부른다. 이후 1990년대에는 디지털 이동전화 방식들이 등장했고, 우리나라와 미국의 코드 분할 다중 접속을 통한 통신이 2세대 이동통신이다. 3세대 이동통 신은 1990년대 말부터는 2기가헤르츠GHz 대역에서 초당 2 메가비트Mbps의 전송 속도를 가진 멀티미디어 서비스를 말 한다. 4세대 이동통신은 저속 이동 시 1Gbps, 고속 이동 시 100Mbps의 속도로 데이터를 전송할 수 있다. 5세대 이동 통신은 최대 속도가 20Gbps이며 4차 산업혁명의 핵심 기술 인 가상현실, 자율주행, 사물인터넷 기술 등을 구현할 수 있 다. 6G 이동통신은 2030년쯤 실현될 것으로 예측되고, 초당 100Gbps 이상의 전송속도를 구현할 것이다. 5G 이동통신 최대 속도 20Gbps보다 5배 빠르다.

IoT(사물인터넷)

인터넷을 기반으로 모든 사물을 연결하여 사람과 사물, 사물 과 사물 간의 정보를 상호 소통하는 지능형 기술 및 서비스를 말한다. 1999년 MIT 공대의 소장 케빈 애시턴Kevin Ashton 이 RFID(전파식별, 무선인식)와 기타 센서를 일상생활에 사 용하는 사물에 탑재 사용하는 사물인터넷 망을 구축하였다. 사물인터넷은 기존의 유선통신을 기반으로 한 인터넷이나 모 바일 인터넷보다 진화된 단계. 인터넷에 연결된 기기가 사 람의 개입 없이 사물 상호 간에 정보를 주고받아 처리할 수 있 다. 사물은 물론이고 현실과 가상세계의 모든 정보와 상호작 용하는 개념으로 발전하고 있다.

설렌다, 대한민국
방사광 가속기

어떤 장치로 변모할지
그 누구도 예측할 수 없다.

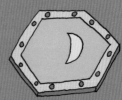

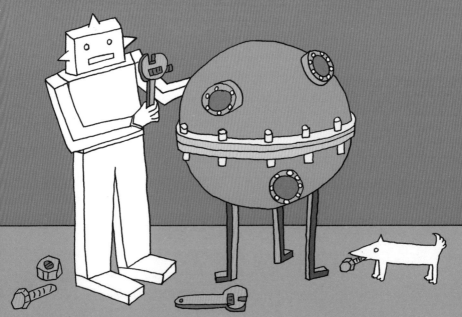

대학원 시절 실험실에 진공 증착 장치가 있었다. 얇은 나노박막을 제작하는 장치였다. 이 장치는 우리나라가 가난했던 시절 외국에서 차관 형식으로 대학에 빌려준 장비였다. 당연히 당시 이 고가의 장비는 국내에 유일했다. 그래서 전국의 대학에서 이 장비를 사용하기 위해 연구실로 찾아왔다. 주말도 없이 이 장비는 가동이 되었고, 기적적으로 국내 최초의 태양전지가 만들어졌다. 우리끼리는 이 장비를 '우주선'이라고 불렀다.

'우주선'으로 많은 학생이 학위를 받고, 엄두도 못 내던 국제 학술지에 논문을 투고할 수 있었다. 자신감을 얻은 열정적인 청년 물리학자들은 외국으로 유학을 떠났다. 나 역시 이 장비를 이용해 많은 실험을 하고, 논문을 쓰고, 더 큰 꿈을 위해 외국으로 유학을 떠날 수 있었다. 30년 전 달나라의 동화 같은 시절의 이야기다.

'우주선'은 이제 실험실 구석에 있는 가장 평범한 장비로, 학부생들이 사용하는 정도의 실험 장비가 되었다. 요즘 실험 장비들은 더 정밀하고 복잡해지고 스케일이 커졌다. 일개의 대학 실험실이 갖기에는 말 그대로 '거대한' 장비도 많아졌다. 한 사람의 손으로 작동하던 장비들은 이제 수많은 과학자들에 의해 정밀한 컴퓨터 프로그램으로 작동되고, 얻어진 수많은 결과는 특별한 프로그램 없이는 처리할 수 없게 되었다.

새롭게 4세대 방사광 가속기가 충주에 세워진다. 이 가속기를 보유한 나라는 미국과 일본에 이어 한국이 세 번째다. 꿈같은 일이다. 최초의 가속기는 1932년 영국의 존 콕크로프트John Cockcroft와 어니스트 월턴

Ernest Walton에 의해 만들어졌으며, 이 두 과학자는 이 가속기를 이용해 최초로 원자의 구조를 관찰했다. 그 공로로 1951년 노벨상을 받았다. 원자의 딱딱한 구조를 이해하고 속을 들여다보기 위해서는 망치로 호두를 깨는 것처럼 원자를 깨뜨려야 하는데, 이를 위해 가속기는 양성자나 전자의 강력한 힘을 이용한다. 그 힘이 크면 클수록 원자의 속을 더 정밀하게 관찰할 수 있다. 가속기는 제2차 세계 대전 중에는 원자폭탄의 재료인 우라늄을 분리하는 데 결정적인 역할을 하기도 했다.

세계 최고의 가속기는 유럽원자핵공동연구소CERN에 있는 거대입자충돌가속기LHC: Large Hadron Collider다. 이 거대한 가속기를 이용해 과학자들은 우주를 이루는 가장 작은 입자들이 어떻게 만들어졌는지를 연구한다. 조만간 이 가속기를 통해 우주 탄생의 비밀이 밝혀질지도 모른다.

충주에 세워지는 방사광 가속기의 목적은 원자를 쪼개는 가속기와는 다르다. 가속기의 원리는 같지만 가속하는 입자가 방출하는 방사광을 이용한다. 가속이 클수록 방사광의 파장이 짧아져 X선을 만들어 낼 수 있다. 이 정교한 수술 메스와 같은 X선을 이용해 할 수 있는 일은 무궁무진하다. 나노물리학, 반도체, 배터리, 철강, 생명공학, 신약 개발, 의학 등 미래 산업에 절대적인 영향을 미칠 것이다.

사실 방사광 가속기는 단순한 기계 설비에 불과하다. 하지만 젊은 친구들의 열정이 더해지면 어떤 장치로 변모할지 그 누구도 예측할 수 없다. 국민의 세금으로 지어진 충주의 방사광 가속기 주위로 젊고 열정적인 과학자들이 모여들면 좋겠다. 마치 30년 전 달나라의 동화 같은 꿈을 꿀 수 있게 해 준 '우주선'처럼.

망치와 가속기

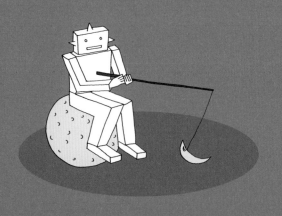

2

물리학자가
바라보는 세상

어느 물리학자의 하루

내 고향별
참치김밥….

아침 일찍 지하철을 타고 학교에 출근한다. 가는 길에 학교 후문 허름한 단골 김밥집에서 참치김밥 한 줄을 산다. 아무도 없는 새벽, 어느 누구도 들이마신 흔적이 없는 교정의 공기는 상쾌하다. 난 이런 새벽의 학교가 좋다. 연구실에 도착하면 커피를 끓이고 접시에 올려놓은 김밥을 먹는다. 하루 중 이 시간이 가장 정적인 시간이다.

책상에 앉아 일하고 있으면 위층에 있는 생명과학과 이 교수가 출근하는 길에 찾아와 인사한다. 내 대학 동기다. 그는 개구리에게 먹이를 주는 일로 하루 일과를 시작한다. 실험용 개구리 수조의 물을 갈아 주고 신선한 소간을 먹이로 준다. 먹이를 줄 때 개구리가 자기를 알아본다고 자랑하곤 한다.

가끔 커피를 한잔 마시면서 이야기를 나누는데, 주로 나는 듣는 편이다. 코로나 백신에 대한 의학적인 기초 지식을 듣곤 한다. 이야기가 끝날 즈음 마스크나 주사기를 잘 만드는 것도 좋지만 훌륭한 대학 졸업생들이 많은데 백신과 치료제를 왜 개발하지 않는지에 대해 불만을 토로하기도 한다. 이런 일은 국가가 나서서 투자해야 하지 않느냐는 결론을 내리지만, 당장 코앞의 가을 홍시 같은 연구비를 걱정해야 하는 처지에, 공기 속으로 사라지는 한갓 힘없는 푸념은 두 교수의 이야깃거리일 뿐이 아닌가 하는 생각이 들기도 한다.

연구실에서 일을 하고 있으면 후배 교수가 무거운 컴퓨터 가방을 어깨에 메고 지나가다가 인사를 한다. 여성 과학자 김 교수는 밤늦게까지 일하는 스타일이다. 무거운 컴퓨터를 왜 매번 들고 다니느냐고 물어봤더니 불안해서 집에 가지고 가야 한다고 한다. 정작 집에서는 열어 보지도 않는다면서. 지금 중요한 국가적 프로젝트를 수행하고 있다. 가끔 함께 점심을 먹을 때도 전화가 계속해서 걸려 온다. 국가사업을 위해 열정적으로 일을 하지만 국가에 대한 불만도 그에 비례해 엄청나다. 그 이유가 다 일을 잘하기 위한 일 아닐까 생각해 보지만, 여성 과학자로서의 삶이 녹록치 않아 보이기도 한다.

내 옆방에선 이론 물리학을 하는 후배 김 교수가 근무한다. 가끔 일요일에 일이 있어 학교에 오면 옆방에서 무언가 소리가 들린다. 세상에서 제일 쉬운 게 공부라는 이야기를 농담 삼아 하지만, 내게는 그 열정이 진심으로 들린다.

얼마 전 연구실 복도에서 만났는데 블랙홀 이론을 들려주었다. 최근 아르헨티나 출신의 후안 마르틴 말다세나Juan Martín Maldacena 박사에 의해 블랙홀에 대한 새로운 이론이 발표되었단다. 1976년 스티븐 호킹Stephen Hawking 박사에 의해 블랙홀에 정보가 보존되지 않는다는 이론이 발표되었는데, 최근 말다세나 박사의 섬island 이론에 의하면 블랙홀에서 "에너지를 포함한 모든 정보가 보존된다"고 한다. 블랙홀의 내부에서 웜홀을 통해 외부로 정보가 전달될 수 있다는 획기적인 이론이다.

어쩌면 지금까지 해결되지 않았던 블랙홀의 정보 손실 문제가 조만간 해결될지도 모른다. 모든 정보를 집어삼키는 블랙홀에서 정보가 살아남을 수 있다는 이론이 흥미롭기만 하다. 이렇게 하루가 가고 블랙홀과 같은 세상을 지나 웜홀과 같은 지하철을 타고 섬 같은 집으로 향한다.

개구리
미소

예측 불가능의 세계,
그래서 매력적이다

세상은 얼마나 복잡하고
다양한가?

학기 말이 되면 몸과 마음이 헛헛해진다. 다이어트를 한 것도 아닌데 몸무게가 줄어 바지허리가 헐렁해진다. 마음 역시 뭔가 채워지지 않은 상태가 된다. 이럴 땐 배터리 저전력 모드처럼 체력 소모를 줄이면서 방학이 오기를 기다린다.

더 열심히 할걸. 이번 학기는 기계과 신입생 학생들에게 일반물리학을 가르쳤다. 전공이 아니지만 열심히 하는 학생들도 있었고, 그냥 수업 시간을 때우는 듯한 학생들도 있었다. 어느 시대와 마찬가지로 다양한 학생들이 존재한다. 열심히 하는 학생, 그냥 시간을 보내는 학생, 수업시간에 달나라에 가는 학생. 이 모든 학생에게 물리학을 꼭 배워야 하는 동기를 부여해 가면서 한 학기를 끌고 간다는 것은 힘든 일이다.

"당장 이해가 안 되더라도 시간이 지나면 자연스럽게 이해가 되는 경우가 많아요. 초등학교 때 이해하지 못한 것들을 지금은 쉽게 알 수 있는 것처럼. 하지만 수업을 빼먹으면 그럴 가능성도 없으니 빠지지 말아요." 이런 말을 할 때는 학생들에게 잔소리를 하는 것 같아 내 자신이 누추해지기도 한다. 사실 학생들이 수업시간을 지키고 있다는 것은 중요하다. 역사적인 순간을 함께했다는 것과 못 했다는 것은 큰 차이가 있다. 아마 시간이 지나면 그 차이는 더할 것이다.

지금 학생들이 사는 시대는 내가 대학을 다닐 때와는 차원이 다르다. 컴퓨터와 핸드폰이 없던 시절과 비교하면 지금의 학생들은 별세계에 사는 것과도 같다. 하고 싶은 일, 해야만 하는 일, 알아야 할 것과 해야 할 것이 얼마나 많을까? 지금 학생들은 정말 대단하다. 어찌 그들의 에너지를 내가 대학 생활을 했던 시대와 비교할 수 있을까? 학생들 한 명 한 명이 만드는 에너지를 볼 때면, 빠른 속도로 움직이며 충돌하는 분자의 에너지를 보는 듯하다. 학생들이 치러야 할 경쟁을 고려하면 그 에너지의 크기는 상상할 수 없이 커질 것이다. 나는 이 에너지가 우리의 현재이고 미래라고 생각한다. 무한의 가능성을 가진.

현재의 물리학의 발전은 물리학자들이 서로 경쟁하며 만든 에너지의 결과다. 뉴턴의 고전 물리학 시대에는 만유인력이라는 개념을 이용해 하늘과 땅에서 일어나는 운동을 설명할 수 있었다. 물체의 초기 물리적 상태를 알면 운동의 결과를 예측할 수 있는 세계였다. 다시 말해 불확실성이 없는 세계였다.

하지만 지금의 시대는 다르다. 세상은 구분해 낼 수도 없고, 셀 수 없는 다양한 분자들이 예측할 수 없는 에너지를 만들고 있다. 이런 세상을 이해할 수 있는 방법은 무엇일까? 확률과 통계를 통해 이해할 수밖에 없다.

1895년경 맥스웰James Clerk Maxwell과 볼츠만Ludwig Boltzmann은 분자라는 개념을 이용해 통계적으로 세계를 파악할 수 있는 방법을 발견했다. 그들은 우리가 사는 설명할 수 없는 복잡한 세상을 이해하기 위해서는 확률과 통계를 사용해야 한다고 주장했다. 통계적 세계는 우주가 단순하고 기계적인 세계가 아니라 다양한 성격의 분자들이 만들어 내는 세상이라는 것을 보여 주었다. 세상은 얼마나 복잡하고 다양한가? 당연히, 확률과 통계는 원자와 분자 등 미시 세계를 다루는 양자역학의 발전에 기초가 되었다.

우리는 맥스웰과 볼츠만의 시대에서 120년이 지난 세상에 살고 있다.

그러니 얼마나 더 복잡해졌을까? 매초 인터넷을 통해 테라바이트TB 이상의 빅데이터가 만들어지고 있다. 이를 이용한 인공 지능의 세계 역시 현실이다. 앞으로의 세상은 얼마나 다양해질까? 분명한 것은 상상을 뛰어넘는 무한한 다양성이 존재한다는 점이다. 우리의 의식이 과연 그 다양성을 좇아갈 수 있을까? 그럼에도 더 흥미진진하고 매력적인 쪽은 아무래도 예측할 수 있는 세계가 아니라 예측할 수 없는 세계다.

미안하다!
인공지능

확률

하나의 사건이 일어날 수 있는 가능성을 수로 나타낸 것을 확률이라고 한다. 어떤 실험이나 관찰에서 일어날 수 있는 모든 경우의 수 중에서 특정 사건이 일어날 경우의 수가 확률이 된다.

맥스웰·볼츠만 통계

열평형 상태에 있는 같은 종류의 입자 집단에서 각 입자의 속도를 통계적으로 나타낸 것이다. 셀 수 없이 수많은 입자를 이상적인 가스 입자로 간주해 온도에 따른 에너지의 분포를 통계 처리한 방법이다. 1856년 맥스웰이 기체 분자의 속도 분포 법칙으로서 발표하고, 후에 볼츠만이 일반화하였다. 이런 통계 처리 방법은 통계 처리할 입자의 종류에 따라 페르미·디랙 통계, 보스·아인슈타인 통계를 사용한다.

테라바이트(TB)

기억 용량을 나타내는 정보량의 단위로, 1테라바이트는 1024기가바이트GB에 해당한다. 기호는 TB이다.

빅데이터

과거 아날로그 환경에서 생성되던 데이터에 비하여 그 규모가 방대하고, 생성 주기도 짧고, 형태도 수치 데이터뿐 아니라 문자와 영상 데이터를 포함하는 대규모 데이터를 말한다. 데이터의 양뿐만이 아니라 다양한 종류의 데이터인 사람들의 유형, 행동, 위치정보 및 SNS를 통해 생각과 의견까지 포함된 데이터를 말한다.

아시나요?
우주는 11차원

이런 어려운 이론이 필요할까?

"교수님, 4차원이시네요." 가끔 이런 말을 듣는다. 마치 알 수 없는 정신세계를 가진 사람처럼 보인다는 의도로 얘기한 것이겠지만, 기분 나쁘지 않다. 세상 사람들과 조금 다르게 바라보고 산다는 것에 불편한 점이 없을 뿐더러, 조금 다르게 살아도 세상에 나쁜 영향을 끼치거나 물리적으로 세상이 변하진 않기 때문이다.

물리학자인 나에게는 더 복잡한 차원 속을 들여다보고 싶은 간절한 욕망이 있다. 그런데 물리학은 점점 어려워지고 있다. 이 문제는 순전히 내 문제다. 쉽게 문제를 풀고 논문을 낼 수 있는 젊은 시절이 있었다. 나이가 들어 가는 현상이라 생각할 수 있을 테지만, 요즘은 논문 쓰기가 어려워졌다. 이제 온통 내가 지금껏 풀지 못한 어려운 문제만 남은 것일까?

얼마 전부터 15년 된 5등급 디젤차를 폐차하고 지하철을 타고 다닌다. 아침에 일어나 지하철역 에스컬레이터를 타고 내려가면 마치 다른 우주로 떠나기 위해 내려가는 기분이 든다. 지하철을 타는 순간 덜컹거리는 전차 속에서 누구는 핸드폰을 보고 누구는 졸고 누구는 음악을 듣고 누구는 멍한 얼굴로 천장을 바라본다. 다 같이 지하철을 타고 멋진 1차원 여행을 하다가, 지하철이 멈추면 각자의 우주로 떠난다.

인간은 3차원 생명체다. 2차원 평면이라면 대사 활동을 할 수 없다. 소화 기관을 갖춘 건강한 3차원 인간은 지속성이라는 생명의 조건을 만족시키기 위해서 시간이 포함된 4차원 시공간이 필요하다. 인간의 존재를 설명하기 위해서는 4차원이 필요한 것이다. 시간과 공간은 서로 상관없는 것들이 아니라, 그림자처럼 결합한 시공간으로 통합되어 존재한다.

우리는 가만히 있지만 새로운 관점과 패러다임의 시대가 오고 있다. 최근 들어 초끈 이론과 M-이론이 완성을 향해 달려가고 있다. 초끈 이론과 M-이론은 우주를 이루고 있는 공간이 일상적인 3차원이 아니라 11차원의 초공간 속에 존재한다고 설명한다. 자연에 존재하는 다양한 입자들이나 물질들은 끈이나 막membrane으로 이루어져 있고, 이들이 진동하는 패턴에 따라 우리의 눈에 각기 다른 모습으로 보인다는 것이다.

이런 어려운 이론이 필요할까? 하루하루 살기도 버거운데. 그런데 알다시피 이런 이론이 있어야만 우리는 우주와 우리의 존재를 설명할 수 있다. 우주에 비해 인간은 먼지만큼 작고, 이런 인간의 눈을 통해 보는 세상은 한정되어 있다. 둥근 지면도 평평하게 보인다. 3차원의 건물이 직선으로 보이는 것처럼, 우주는 엄청난 스케일로 펼쳐져 있기 때문에 우리의 눈에는 한정된 4차원의 시공간처럼 보이는 것이다.

4차원을 살아가는 지구의 생명체에게 경험할 수 없는 시공간은 분명 존재한다. 인간이 기준이 된다면 4차원 공간이면 충분하다. 하지만 우리가 볼 수 없고 도달할 수 없는 시공간은 존재한다. 지구를 코끼리가 떠받치고 있다고 생각했던 적이 있었고, 태양이 지구를 돌고 있다고 생각했던 적도 있었다. 4차원 공간으로 설명되던 시절이 이제는 11차원으로 확장되고 있다. 우리는 가만히 있는데 세상이 변하고 있는 것일까? 아니면 우리가 변하고 있는 것일까?

평범한
3차원

연필과 종이,
커피의 시간

거미집처럼 연결된
하이퍼미디어 세상이 되고 있다.

지난해 전공 수업에서는 학생들 몇 명이 전자 노트로 필기를 했는데 올해는 거의 절반이 전자 노트에 필기를 한다. 심지어 핸드폰에 필기하는 학생들도 있다. 작은 핸드폰의 화면을 손으로 확대하고 움직여 가며 전자 펜으로 필기를 한다. 나머지 절반의 학생은 아직 종이 노트에 샤프와 볼펜으로 필기를 한다. 나 역시 연필과 노트로 강의 노트를 만든다. 나는 연필의 촉감이 좋기도 하고 글씨를 쓸 때의 사각거림이 좋아 연필을 아직까지 고집하고 있다.

오랜 유학 생활에서 돌아와 짐을 정리하면서 대학 시절 필기한 전공 수업 노트를 발견한 적이 있다. '당시에 이런 수준 높은 것도 배웠구나.' 하는 생각도 들고, 당시 교수님의 멋진 모습이 떠오르기도 했다. 마침 같은 과목을 가르치게 되어서 그 노트가 수업의 방향을 정하는 데 도움이 되기도 했다. 지금 학생들이 적는 전자 노트의 파일은 아마도 다양한 디지털 변환을 통해 클라우드에 누적되어 핵분열을 하듯 또 다른 디지털 자료로 활용될 것이다. 그렇다면 세상은 더 빠른 속도로 지식의 확장이 이루어질 것이다. 태어날 때부터 핸드폰을 손에서 놓지 않는 젊은 세대에게는 이런 디지털 자료들이 종이의 힘보다 더 큰 힘을 발휘하지 않을까?

1995년, 일본 유학 시절에 전자상가에 진열된 15인치 컴퓨터 LCD 모니터를 처음 보았다. 액정의 광학적 성질을 이용한 LCD 모니터였다. 샤프에서 처음 나온 이 모니터는 당시 내 한 달 치 월급 값이었다. 음극선관 브라운관 디스플레이가 바위처럼 큰 몸집으로 책상을 차지하던 시절이었다. 어떻게 이렇게 얇게 만들 수 있을까 하고 한참을 신기하게 쳐다보면서, 하루아침에 세상이 바뀔 수도 있다는 것을 실감했다. 실제 디스플레이의 역사는 그 시점부터 급격히 바뀌어 갔다. 더 얇아지고, 넓어지고, 가벼워지고, 선명해지고.

지금은 유기물을 이용한 OLED 디스플레이가 대세다. OLED는 유리나 플라스틱 위에 유기물 발광층을 증착해 전기를 흘려보내면 전자와 정공이 재결합하면서 빛이 발생하는 원리를 이용한 것이다. 기판으로 유리 대신 플라스틱을 쓰면 더 얇고 유연한 디스플레이로 발전할 것이다. 화소 수역시 8K TV가 일반화되면서 인간의 눈으로 구분하기 힘든 고화질 해상도의 디스플레이를 구현할 수 있게 되었다. 더 중요한 것은 5G 통신 기술과 OTTOver The Top(개방된 인터넷에서 방송 프로그램과 영상을 제공하는 서비스)를 통해 이제 누구든 언제 어디서나 다양한 콘텐츠를 활용할 수 있다는 점이다. 세상이 더 빨라지고, 문자, 그래픽, 음성, 이미지, 동영상 등의 다양한 미디어가 거미집처럼 연결된 하이퍼미디어 세상이 되고 있다.

아침 일찍 학교에 오면 커피를 마시면서 책상에서 연필을 깎는다. 강의 시간 이외에는 하루 종일 실험실에서 컴퓨터로 작동되는 실험 장치와 씨름을 한다. 실험이 끝나면 컴퓨터에 수많은 데이터가 쌓인다. 이 데이터를 다시 컴퓨터를 이용해 수학적으로 분석한다. 연필, 종이, 커피 이외에 전부 디지털 세상이다.

언젠가 나 역시 전자 노트를 사용해야만 할 것이다. 그 시기는 코앞에 있다. 세상의 흐름이다. 그 전까지는 연필과 종이, 커피의 시간을 조용히 즐기고 싶다.

아침 학교가
좋다

쓸모없는 과학은
없다

"이론을 어디다 써먹냐?"

이론 물리학을 공부하는 학생들이 곧잘 듣는 얘기다. 물리학은 실험과 이론 분야로 나뉘는데, 실험 쪽 학생들은 졸업 후 대기업에 쉽게 취직이 되지만, 이론 쪽 학생들은 그렇지 못하다. 그런데 얼마 전, 내 연구실 옆방 이론 물리학자 김 박사 밑에서 블랙홀을 공부하던 학생이 대한민국의 대표적인 포털 기업에 취직했다.

세상이 바뀌었다. 그 포털 기업에서 대기업에서 필요로 하는 자질은 당장에 써먹을 수 있는 기술뿐 아니라 수학적, 논리적 사고가 아니었을까? 우리가 수수께끼 같은 우주의 법칙을 하나둘 알게 된 것은 모두 물리학적 상상력과 수학적 논리 덕분이다.

세상은 이미 나노 세계의 끝에 와 있다. 더 작은 펨토(10^{-15} 단위를 나타내는 접두어)의 세계가 그 다음을 기다리고 있다. 반도체 미세공정은 5나노를 넘어 3나노 기술 경쟁을 벌이고 있는 상황이다. 1나노미터는 10억 분의 1미터에 해당한다. 이런 눈에 보이지 않는 세계를 넘나들 수 있는 유일한 방법은 새로운 창의적 사고뿐이다.

양자역학은 또 어떤가. 지금까지 양자역학의 세계는 파동과 입자라는 두 개의 문을 동시에 통과하는 세계였지만, 앞으로는 인공 지능 세계와 접합되어 새롭게 발전할 것이다. 아마도 두 개의 문을 하나로 만드는 세계일지도 모른다. 중요한 것은 이런 세계는 어설프게 흉내 내고 모방해서는 절대로 도달할 수 없다는 점이다.

작년 일본과의 무역 마찰로 인해서 반도체 소부장(소재, 부품, 장비를 통틀어 이르는 말) 산업 등의 국산화가 중점 과제로 떠올랐다. 뒤늦게나마 일본 의존 산업에 대한 경각심을 가진 것은 정말 다행이라고 생각한다.

1853년 일본에 도착한 페리 제독은 무역을 위하여 개항을 요구했다. 서양의 과학을 목격한 일본은 과학의 중요성을 깨닫고는 부랴부랴 애국심으로 똘똘 뭉친 사무라이들을 유럽으로 보냈다. 그곳에서 그들은 양자역학의 시작을 몸으로 경험했다. 대표적 과학자가 코펜하겐의 닐스 보어 연구소에서 양자역학 이론을 공부한 니시나 요시오다. 그는 일본으로 돌아와 유카와 히데키, 도모나가 신이치로 같은 후학을 기르는 등 일본 양자역학의 토대를 마련했다. 특히 요시오의 제자이자 노벨상 수상자인 유카와 히데키는 오로지 일본 교토에서만 교육을 받은 이론 물리학자다. 당시 전쟁 중이기도 했지만 유카와 히데키의 입자 이론 물리학 연구는 서양 문헌이 아닌 곳에 독립적으로 발표되기도 했다. 문화적 배경이 다른 환경에서 탄생한 물리학적 관점이 또 다른 과학의 발전을 이끈 셈이다. 이러한 학문적 전통 아래, 일본의 기초 과학은 여전히 세계적인 수준을 자랑한다.

아쉽게도, 요즘 소부장 산업의 국산화에 대한 이야기는 나와도 기초 과학에 대한 이야기는 거의 없다. 물론 당장 눈앞의 이익은 중요하다. 사느냐 죽느냐의 문제이기 때문. 하지만 기초 과학이 앞으로 얼마나 큰 공헌을 할 수 있을지에 대해서도 관심을 가져야 하지 않을까. 이는 어쩌면 미래를 내다봐야 하는 지도자의 역사적 역할일지도 모른다. 경쟁이 치열한 사회이지만 꾸준히 연구를 지속할 수 있도록, 연구비 마련에 어려움을 겪고 있는 기초 과학자를 국가가 배려하고 구해 줬으면 하는 아쉬움이 있다. 특히 청년 과학도들에 대한 배려가 있었으면 한다.

도서관에 가지맙시다

'양치기 기상청'을 위한 해명

기상청은 최선을 다하고 있다.

초등학생 시절 어느 여름방학 때의 추억이 아직도 선명하다. 갑자기 쏟아지는 소나기를 피해 처마 밑에서 잠시 기다리는 것은 당시 여름날의 서정적인 풍경 중 하나였다. 그 무렵 날씨의 변화는 구름 위 하늘나라의 이야기마냥 어찌 보면 당연한 것처럼 여겨졌다.

맑은 날씨이지만 지하철에 우산을 들고 출근하는 사람들을 보곤 한다. 이런 날은 꼭 비가 온다. 요즘은 시간별 날씨와 일기예보를 핸드폰으로 확인할 수 있는 시대다. 기상 위성 사진은 우리나라를 포함해 중국, 일본과 타이완 부근의 구름 한 점 없는 곳, 구름이 몰려 있는 곳, 태풍이 올라오는 모습 등을 실시간으로 보여 준다. 핸드폰 안에 기상 위성이 들어 있는 셈이다.

기상 위성의 모태는 인공위성이다. 1957년 구소련은 인류 최초의 인공위성 스푸트니크 1호를 발사했다. 그리고 1960년 미 항공 우주국 NASA에서 발사한 타이로스 1호는 정지 궤도 위성으로서 기상을 관측을 시작했다. 기상 위성의 시대가 열린 것이다. 우리나라는 2010년에 이르러서야 정지 궤도 위성 천리안 1호 위성을 발사했다. 천리안 1호는 지상 3만 5800km 상공에서 기상 위성에 장착된 5개의 채널을 통해 24시간 기상 및 해양을 지속적으로 관측했다. 실시간 구름의 움직임, 야간 안개와 산불 현황, 해수면과 지표면의 온도, 황사 현황과 구름의 고도, 대기 상층의 수증기량, 대류권 상층의 흐름과 바람의 방향 등 다양한 정보를 수집하기 시작한 것이다.

천리안 1호의 뒤를 잇는 천리안 2A호는 더 진화했다. 16개 채널을 가지고 있으며, 분해능 역시 1km 흑백 이미지에서 0.5km의 컬러 이미지로 향상됐다. 자료 전송 속도도 115Mbps로 18배 증가했으며, 15분마다 측정하던 주기는 2분으로 더 짧아졌다.

기상 관측의 핵심 요소는 정확한 관측 장비, 수치 모델, 예보관의 능력이다. 기상을 예측하는 데에는 물리학의 기본 법칙들이 적용된다. 질량, 운동량, 마찰력, 에너지 복사, 수증기의 상변화를 변수로 하는 5개의 방정식을 만들어 해석함으로써 기상을 예측하는 것이다. 아직은 이르지만 앞으로 인공 지능을 이용한다면 더 정확해질 것이다.

기상청의 예보가 맞지 않을 때면 '양치기 기상청'이라는 말이 나오곤 한다. 100% 정확한 기상 예보를 기대하는 것일까? 한반도는 극지방의 찬 공기와 적도 지방의 더운 공기의 영향을 받는 대륙과 해양의 경계에 위치해 있다. 지리적 위치상 복잡해질 수밖에 없다. 환경으로 인한 기후 변화와 북극의 고온 현상을 포함하면 불확실성이 더 커진다.

지금 코로나 사태로 발사를 미루고 있지만, 만약 항공우주연구소의 중형 위성이 발사된다면 앞으로 더 정확한 관측이 가능해질 것이다. 기상청은 최선을 다하고 있다. 다만 우리의 기상 관측 기술이 정확해지고 있다 하더라도 지구의 기상 변화를 쫓아가지 못하고 있는 것은 아닌지 모르겠다. 인간 진화의 역사보다 더 오래된 지구의 역사를 고려한다면, 어쩌면 지구의 기상을 정확히 예측하는 것은 인간의 마음을 읽는 것보다도 더 어려운 일이 아닐까 생각을 해 본다.

기상 예보

잠 못 이루는
물리학자

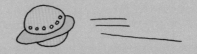

99.9999%의 정확도가 필요하다.

멋진 봄이지만 개인적으로 힘든 날들을 보내고 있다. 연구원 한 명이 갑자기 그만두겠다고 통보했다. 이제 뭔가 시작해 보려 했던 프로젝트가 하루아침에 미궁으로 빠져들었다. 세상일이라는 것이 잘 풀릴 때도 있고 안 풀릴 때도 있다. 돌이켜보면 연구의 90%는 늘 어려운 상황을 지나가야만 했다. 어려움을 지렛대 삼아 용기를 내서 여기까지 왔는데, 이번 일은 생각지 못한 일이었다. 한동안 잠을 못 자고 실험실 구석에 놓여 있는 빈 비커처럼 방도를 찾지 못한 채 지내야만 했다.

30년 전 유학을 마치고 돌아왔을 때, 나는 이렇게 마음을 먹었다. '지도교수와 했던 연구보다는 나만이 할 수 있고 내가 하고 싶은 연구를 앞으로는 하자.' 다시 시작해야 하는 상황은 힘들었지만 그때 학생들이 열심히 해 줬고 나 역시 열심히 몰두했다. 지금 생각해 보면 무모할 정도로 용기에 의지했다. 깊은 밤, 학교 연구실에 빨리 달려가고 싶은 생각에 잠 못 이루던 시절이었다. 그 시절이 생각나는 이유는 뭘까?

잠 못 이루는 어느 날 새벽, 입자 물리학 연구에 관한 획기적인 실험 결과를 미국의 페르미국립가속기연구소에서 발표했다는 소식을 인터넷을 통해 접했다. 소립자인 뮤온 붕괴가 전자 붕괴보다 15% 더 적게 일어난다는 사실을 발견했다는 것이다. 이 결과는 정설로 여겨지고 있는 표준 모형 이론으로는 설명할 수 없는 새로운 종류의 현상이다. 뮤온은 전자보다 약 200배 무거운 입자다. 세상에는 17개의 기본 입자가 존재한다. 입자 물리학의 표준 모형은 이들 입자의 상호 작용을 다루는 이론이며, 2013

년에는 표준 모형을 완성하는 데 기여한 두 명의 과학자가 노벨 물리학상을 수상하기도 했다. 그런데 이 굳건한 이론에 무슨 일이 생긴 것일까?

이 결과는 표준 모형 이론과 모순되는 실험 결과로, 이 실험 결과가 맞다면 세상에 아직 발견되지 않은 미지의 입자와 제5의 힘이 존재할 수 있다는 것을 의미한다. 세상을 지배하는 네 가지 기본 힘, 그러니까 중력, 전자기력, 강력, 약력 말고 제5의 힘이 있다면 과연 어떤 힘일까?

이번에 측정한 실험 데이터의 확률은 99.997%였다. 물리학에서는 발견을 입증하려면 99.9999%의 정확도가 필요하다. 연구팀들은 추가 실험을 하고 있다고 한다. 정확도 0.0029%를 높이기 위해 물리학자들은 밤잠 없이 계속 노력할 것이다. 실패할지도 모를, 무모하다면 무모한 일을 말이다. 하지만 이런 시도들이 그간의 과학적 성취를 이루어 내었기에, 고독하고 대책 없는 열정들이 멋지고 아름답게 여겨지기도 한다.

얼마 전 위층 연구실에 있는 생명공학과 이 교수와 함께 커피를 마시는데 자기가 돌보는 실험용 개구리가 탈출을 했다며 걱정했다. 실험이 끝나고 고생한 개구리를 위해 숨을 쉬라고 잠시 문을 더 열어 주었는데 그 틈으로 개구리가 탈출했다고. 개구리를 못 찾으면 어쩌나 걱정했는데 다행히도 개구리는 곧 발견되었다. 몸에 멍이 잔뜩 들어 있어 회복실에서 특별식을 먹으며 보살핌을 받는 중이라고 한다. 왜 개구리는 탈출을 꿈꾸었을까? 어떤 본능이, 어떤 무모한 용기가 그 개구리를 부추겼을까? 미궁에 빠진 프로젝트건, 뮤온 붕괴이건, 개구리 탈출이건 이래저래 세상만사 쉬운 게 없다. 무엇보다도 부상당한 개구리가 빨리 회복되었으면.

빠삐용

개구리

"교수님, 더위 먹으면 어쩌시려고요?"

땀 흘리며 미친 듯이 일하면
효율이 최고가 된다.

연구실 한쪽 구석에서 오래된 선풍기가 한 대 돌아간다. 창밖에서는 매미 소리가 들린다. 이 여름, 선풍기 돌아가는 소리가 좋다. 덜커덕거리며 레일 위를 달리는 완행열차에 앉아 창밖 풍경을 보는 것처럼 마음이 평온하다. 웬만해서는 에어컨을 켜지 않고 여름을 보낸다. 에어컨 바람을 오래 쐬면 뼈마디가 시려 오기 때문이다. 무엇보다도 에어컨 바람 아래서 일을 하면 집중이 잘 안 된다. 그래도 여름 더위는 더위인지라, 못 참을 정도가 되면 에어컨이 가동되는 맞은편 실험실에 가서 살짝 열을 식히고 다시 돌아온다.

나는 여름형 인간이다. 일 년 중 가장 중요한 일을 여름에 해치운다. 찬 바람이 불기 시작하면 '그만 좀 쉴까?' 하는 마음으로 여름에 해 놓은 일들을 정리하고 수정해 논문으로 발표한다. 여름에 땀 흘리며 미친 듯이 일할 때면 효율이 최고가 되고 성취욕도 역시 최고가 된다. 가끔 이런 내 모습에 학생들이 "교수님, 더위 먹으면 어쩌시려고요?"라며 걱정하곤 한다.

에어컨의 역사는 1820년까지 거슬러 올라간다. 에어컨 원리를 밝힌 과학자는 19세기 천재 물리학자인 마이클 패러데이Michael Faraday다. 패러데이는 최초로 전자기 유도 현상을 밝힌 물리학자이기도 하다. 기체를 압축해 액화시킨 물질이 다시 기화될 때 기화열이 발생하는데 이 기화열을 이용하면 냉각 장치를 만들 수 있다. 1842년 존 고리John Gorrie는 이 원리를 이용해 얼음을 만들었고, 1902년 미국의 윌리스 캐리어Willis Haviland Carrier는 최초의 에어컨을 만들었다.

기화열이란 이런 것이다. 더운 여름 마당에 물을 뿌리면 물이 증발하면서 수증기가 될 때 열을 흡수한다. 이 열이 기화열이다. 더운 날 몸에 물을 바르면 시원하게 느껴지는데 이는 물이 증발할 때 피부의 열을 빼앗아가기 때문이다. 물보다 증발이 빠른 냉각제를 사용하면 더 효율적으로 온도를 낮출 수 있다. 이 냉각 원리는 현대의 모든 냉각 장치에 사용된다.

요즘 밤이 되어도 기온이 내려가지 않는 날들이 계속되고 있다. 열섬 현상과 열돔 현상 때문이다. 열섬은 말 그대로 도시의 기온이 섬처럼 주변 지역 기온보다 더 높은 현상을 말하고, 열돔은 대류권 고온의 대기압이 흐르지 못한 채 정체돼 마치 체육관 돔처럼 뜨거운 공기를 가둬 놓는 현상을 말한다. 지구 온난화로 해류의 흐름이 불안정해지더니 하늘의 바람 흐름까지 불안해진 것이다. 이는 냉각 원리가 이제 지구에서 작동되지 않고 있다는 의미일까.

박사 과정 시절, 한여름에 저온 실험을 할 때 연구실은 찜통 그 자체였다. 섭씨 영하 270도를 만들기 위해 열심히 냉각 펌프가 돌아갔고, 반대편으로 그 열기가 내뿜어져 나왔다. 당시 실험실엔 에어컨이 없어서 저온 장치에 과부하가 걸리지 않도록 선풍기를 틀어 놓아야 했다. 비싼 기계 장치가 우선이었다.

그래도 다행히 온도가 떨어지는 밤이 오면 약속이나 한 듯 기온이 영하 270도에 도달해 실험을 할 수 있었다. 다시 해가 뜨면 서서히 온도가 올라갔지만. 그래도 내 기억엔 8월 15일이 지나면 밤에 창문을 열었을 때 시원한 바람이 창밖에서 불어왔던 것 같다. 올해도 그때까지는 지구가 더위에 무사히 버텨 주기를.

참지
맙시다

매미 소리가 텅 빈 대학의 8월을 장악하고 있다. 아침 일찍 학교에 오면 먼저 슬리퍼에 반바지로 갈아입고 일을 시작한다.

나에게 여름 방학은 조만간 있을 가을 경기를 위해 몸을 만드는 시간이다. 새 학기 시작의 벨이 울리면 단거리 육상 선수와 같이 앞을 보고 달려야 한다. 이 경기를 위해 최대한 기초 체력을 마련하고 부족한 부분을 채워야 한다. 물리학자인 나에게 기초 체력은 공부다. 달리 뭐가 있겠는가! 중요한 공부 중 하나는 다른 물리학자들의 논문을 읽는 것이다. 잠시 한눈을 파는 사이 앞으로 휙 지나가는 젊고 뛰어난 친구들과 경쟁해야 하는 이 세계에서 중요한 일은 지금의 내 속도와 위치를 파악하는 것이다. 앞에서 달리는 선두 그룹에서 멀어지지 않기 위해.

물리학자는 논문이라는 형식을 통해 경쟁한다. 스포츠 경기 규칙처럼 논문의 짜임새에도 규칙이 있다. 예를 들면 이런 식이다. 지금까지 선행 연구들로는 다음과 같은 연구들이 있으며, 나는 이번에 이러한 일을 했다. 이것은 지금까지의 이론이나 실험보다 이러저러한 부분에서 새롭고 창의적인 일이다. 내가 밝힌 결과들은 이런 것이고, 결론은 이렇다. 그러고는 뒷부분에 참고한 사람들의 논문을 언급하며 논문을 마무리 짓는다.

세상은 항상 나보다 앞서 있다. 나는 따라가는 사람이다. 뭐 꼭 앞서가야 한다고 생각하진 않는다. 세상에서 벗어나지 않으면 된다. 앞서가는 사람도 마찬가지겠지만, 따라가는 사람 역시 항상 숨이 차고 여유가 없다. 따라가기 위해서, 쫓아가기 위해서. 나와 비슷한 생각을 하는 사람들은 왜 이렇게 많은지. 그들과는 다른 생각을 하고 싶고, 그들이 생각하지 못한 일을 하고 싶지만 이런 일들은 쉽게 찾아지지 않는다. 남들보다 더 노력하고 배우는 자세를 갖지 않으면 결코 도달할 수 없는 영역이다.

얼마 전 복도에서 블랙홀 이론 물리학자인 옆 연구실 김 교수를 만났다. 복도에서 만난 김에게 최근《네이처Nature》지에 발표된 블랙홀에 대한 논문에 대해 한참 이야기했다. 내가 항상 질문하는 입장이지만.

내용은 이렇다. 미국 스탠퍼드대 천체실험 물리학자 댄 윌킨스Dan Wikins 박사팀이 블랙홀에서 시간차를 가진 두 종류의 X선을 관측했다. 블랙홀은 가만히 있지 않고 회전한다. 블랙홀 주변은 거대 중력에 의해 회전하고 공간은 휘어진다. 중력에 의해 물질들이 빨려 들어가고 에너지가 높아진다. 이 높은 에너지로 인해 원자는 조각조각 나 핵과 전자로 부서진다. 이때 블랙홀 주변은 플라스마 상태가 되어 북극의 오로라 같은 코로나가 발생한다. 이 코로나 상태에서 조각이 나 가속된 전자에서 X선이 발생한다. 이 X선은 코로나에서 나오는 X선이다. 시간차를 가지고 뒤에 나오는 X선은 블랙홀의 바깥 경계인 '사건의 지평선' 근처에서 나오는 X선이다. 이 X선 관측으로 인해 연구진은 최초로 블랙홀의 경계에 대한 물리적 정보를 알게 되었다. 올림픽 경기에서 금메달을 따낸 것처럼 멋진 일을 해낸 것이다.

세상은 이렇게 새로운 일을 하는 사람들에 의해 앞으로 나아간다. 나 역시 이런 멋진 사람들과 함께 나아가고 싶다는 생각이다. 논문을 읽는 무더운 여름, 매미 소리와 선풍기 소리가 정겹게 느껴진다.

블랙홀이
말이죠...

슬기로운
신문 구독 생활

신문 읽기는 뒤에서부터
시작한다.

나는 신문을 좋아한다. 얼마 전까지 5개의 신문을 구독했으나, 이제는 3개 신문만을 구독하는 중이다. 5개 신문을 구독할 때는 다 읽은 신문을 버리는 일이 만만치 않았지만, 3개는 딱 적당한 양이다. 예전엔 새벽에 배달된 신문을 꼼꼼히 읽은 다음 학교로 출근했는데, 지금은 바빠져서 일주일 치 신문을 모아 놓고 주말에 한꺼번에 읽고 있다.

주말에 신문 읽는 시간, 그 조용한 시간이 좋다. 가장 편안한 때, 가장 편안한 자세로 신문을 본다. 신문은 책과는 다른 소리를 낸다. 살짝 흥분시키는 휘발성 기름 냄새도 있다. 넘기는 속도에 따라 달라지는 소리가 신문 읽는 즐거움을 더해 준다. 신문 읽기는 뒤에서부터 시작한다. 신문 앞쪽은 일주일을 보지 않았다고 해도 내용이 별반 달라지지 않는다. 또 내용을 이해한다고 해서 일상에서 내가 뭘 어떻게 할 수 있는 일도 없다.

신문 넘기다가 흥미로운 기사가 눈에 띄면 가위로 그 기사를 오려놓는다. 오려놓은 기사들은 상자에 차곡차곡 쌓아놓는다. 필요할 때면 그 상자를 열고 찾아서 다시 본다. 오래되고 색 바랜 기사가 새롭게 느껴지는 순간이 많다. 뒤에서 시작한 신문 읽기는 국제뉴스를 지나면 속도가 빨라지거나, 아니면 다음 날 신문으로 넘어가곤 한다.

어릴 적 새벽에 배달된 각 잡힌 신문은 아버지의 권위를 상징했다. 어머니는 신문을 전달하는 엄격한 메신저 역할을 했다. 아버지가 보기 전엔 각 잡힌 신문을 절대 만질 수도, 열어 볼 수도 없었다. 세월은 흘렀고, 세상은 변했다. 이제는 내가 각 잡힌 신문을 3개씩 보는 호사를 누리고 있는

데, 예전 아버지가 보시고 난 후 읽던 신문이 더 신문스럽게 느껴지는 이유는 뭘까?

2021년 10월 신문에서 가장 흥미로운 기사는 노벨상 기사다. 어떤 연구에 큰 의미를 부여하는지 짐작할 수 있어, 이모저모 유심히 들여다보게 된다. 아쉬운 점이 있다면, 노벨상 수상자의 국적을 따지고 국가 간의 경쟁으로 바라보는 시선이 여전하다는 것. 현대를 사는 우리에게 너무 좁은 시야가 아닌가 싶다. 이번에 지구 온난화를 복잡계 문제로 다뤄 노벨 물리학상을 받은 일본인 마나베 슈쿠로 박사는 일본에서 공부를 했지만 국적은 미국인이다. 일본 언론에서는 두뇌 유출에 대한 이야기를 다뤘다. 노벨생리의학상을 받은 아뎀 파타푸티언Ardem Patapoutian 교수는 아르메니아계 과학자이지만, 레바논에서 태어나 미국으로 이민한 학자다. 아르메니아인 집단학살Armenian Genocide이라는 고난의 역사를 생각한다면 그의 삶의 궤적이 그려지는데, 국적과 상관없이 그는 그저 치열한 과학적 삶을 산 연구자다.

노벨상 수상자의 목록을 보다 보니 낯익은 이름이 눈에 띄었다. 노벨 생리의학상 공동 수상자인 데이비드 줄리어스David Jay Julius 교수. 그의 1997년 네이처 논문을 읽은 적이 있다. 그의 논문은 간결했고 명확했다. 아이디어도 훌륭했다. 제일 매운 고추와 맵지 않은 고추를 대상으로 캡사이신 농도에 따라 흐르는 전류를 측정했고, 매운맛을 느끼고 땀을 흘리는 이유가 이온 채널 단백질에 전기신호가 전달되기 때문이라는 사실을 밝혀냈다. 지금까지 그의 논문을 인용한 횟수만 해도 9148번이다. 이는 9148명의 전세계 과학자가 그의 논문을 읽고 영감을 받아 후속 연구를 했다는 의미다. 이 수치는 그가 한 과학적 업적을 정확히 말해 주고 있다.

요즘 누가 종이 신문을 읽나 하는 얘기가 종종 들린다. 핸드폰을 통해 세상을 보는 시대에 살고 있지만, 신문이라는 커다란 열린 창을 통해 세상을 호기심으로 보는 즐거움을 알았으면 하는 마음이다.

신문 접는 소리가
좋다

복잡계

자연계를 구성하는 다양한 요소 간의 유기적 관계에서 발생하는 현상들의 집합을 말한다. 복잡계에서는 특정 장소에서 발생하는 사건이 주변의 다양한 요소에 영향을 미치는 원인이 된다. 지구상에 존재하는 갖가지 복잡한 요소들이 다양하게 얽혀서 복잡계를 형성하고 현실 세계를 구성한다. 복잡계에 관한 연구는 경제 시스템, 언어 시스템, 기후, 더 나아가 생명체의 면역계나 생태계 네트워크 및 생물 진화 등에 적용되고 있다. 슈퍼컴퓨터의 발전으로 앞으로 응용 범위가 확대될 것이다.

캡사이신

고추에서 추출되는 무색의 휘발성 화합물로 매운맛을 내는 성분이다. 약품이나 향료의 재료로 이용되며, 고추씨에 가장 많이 들어 있다. 처음에는 강한 자극을 주지만 시간이 지나면서 진통 작용을 한다.

이온 채널

세포 내부와 외부의 이온이 드나드는 통로 역할을 하는 막 단백질이다. 세포 내부에 필요한 이온 농도를 유지시키며, 이온의 이동을 조절하여 세포의 크기를 유지하는 기능을 한다. 모든 세포는 이온 채널을 갖고 있으며 이온 채널의 구조를 분석해 질병이 어떻게 발생하는지 연구하기도 한다.

시간이 느리게 가는
중국집

단골의 특권이다.

"교수님, 주말에 뭐 하세요?" 이런 질문을 자주 받는다. 물리학자는 특별한 주말을 보내지 않을까 하는 궁금증 때문일까. 주말엔 늦잠을 자려고 하지만 이상하게 몸도 가볍고 평소보다 일찍 일어나게 된다. 그 이유가 뭘까?

일어나면 커피를 내려 천천히 마시고 일주일 치 신문을 꼼꼼히 본다. 그다음 외출 준비를 한다. 동네 단골 중국집이 문을 열 시간이다. 아무도 없는 중국집에 도착해 좋아하는 좌석에 앉는다. 이런 정적이 좋다. 재스민 티가 나온다. 휴일 아침에 마신 따뜻한 재스민 티가 주중에 가끔 생각나기도 한다. 재스민 향 때문일까, 아니면 따뜻한 티의 온기 때문일까? 뒤이어 자차이(보통 짜사이로 불린다)와 함께 노란 무와 양파 춘장이 나온다. 곧 맥주가 도착한다. 단골의 특권이다. 말하지 않아도 순서대로 음식이 나온다. 난 그저 휴일 아침의 정적을 즐기면 된다.

자차이와 함께 맥주 한 잔을 마시면서 생각에 잠긴다. 주로 아쉬웠던 일이 많이 생각난다. 풀지 못한 문제도 뒤이어 찾아온다. 하지 못한 일. 해야 할 일. 주로 행복하지 않은 일들이 떠오르는 이유는 뭘까? 돌아가신 부모님 생각도 하게 된다. 그리고 다시 자차이에 맥주 한 잔. 이런저런 생각을 하다 보면 간짜장이 나오고 군만두가 나온다. 많은 양이지만 주말 아침을 위해 금요일 밤 살짝 적게 먹어 둔 탓에 충분히 맛있게 먹을 수 있다. 사람들이 들어오기 시작할 무렵 재스민 티 한 잔으로 입을 마무리하고 중국집을 빠져 나와 집으로 향한다. 낮잠을 자러. 주말에 내가 가질 수 있는, 최고로 느리게 지나가는 행복한 시간이다.

시간은 누구에게나 똑같은 속도로 흐르지 않는다. 절대적이지 않고 상대적이란 의미다. 시간은 중력과 속도에 영향을 받으며 상대적으로 느려지기도 하고 빨라지기도 한다. 속도가 빨라지거나 중력이 강해지면 시간은 느리게 간다. 이런 시간 지연time dilation 개념을 최초로 제시한 사람이 아인슈타인이다.

1915년 아인슈타인은 중력의 영향을 시공간의 휘어짐으로 기술하는 일반 상대성 이론을 발표했다. 1년 후 독일의 물리학자 카를 슈바르츠실트Karl Schwarzschild는 일반 상대성 이론의 중력장 방정식을 풀어 블랙홀 모델을 만들었으며, 이를 통해 중력과 시간과의 관계를 설명했다. 블랙홀의 가장자리에 놓이게 되면 중력의 힘에 의해 시간이 느리게 간다. 블랙홀은 무한하게 큰 질량이 중심에 모여 있는 시공간 영역이며, 빛을 포함해 그 어떤 것도 탈출할 수 없는 블랙홀의 경계를 '사건의 지평선'이라고 한다. 이 '사건의 지평선'의 지름을 최초로 계산한 과학자가 바로 슈바르츠실트다.

1916년 슈바르츠실트는 제1차 세계 대전에 참전해 사망했는데, 전쟁 통에 일반 상대성이론의 중력장 방정식을 풀어 블랙홀 모델을 만들었던 셈이다. 일반 상대성이론을 만든 아인슈타인도 훌륭하지만, 1년 만에 전쟁 통에서 블랙홀 연구를 한 사람 역시 대단한 사람임에 틀림이 없다.

마치 블랙홀과 같은 중력의 힘이 영향을 받은 것처럼, 한없이 느리게 가는 시간을 느끼는 휴일 아침이 지나면 시간은 이상하게 빨리 지나간다. 누구에게나 똑같이 주어진 일상의 시간. 그래서 휴일 아침 중국집에서 보내는 나만의 느린 시간을 자주 찾게 된다. 따듯한 재스민 티 한 잔과 함께.

간자장을
고집하는 이유

고양이를
부탁해

지구라는 행성에서
난 외롭지 않아.

화이티

푸딩

도넛

딸아이들이 키우던 세 마리의 고양이 화이티, 푸딩, 도넛을 임시 보호하고 있다. 세 마리의 고양이와 함께 있으면 구름 속 현자가 된 느낌이 든다. 아침이면 침대로 올라와 푸딩이 나를 깨운다. 코를 얼굴에 대고 비비고 가슴 위에서 꾹꾹이를 하고 꼬리로 얼굴을 만져 준다. 내가 잠에서 깨면 임무를 마쳤다는 듯이 침대에서 내려간다. 밤에 자려고 누우면 화이티와 도넛이 번갈아 침대 위에 누워 잠을 청한다. 포근한 털복숭이를 손으로 만지고 있으면 행복해진다. "그래, 지구라는 행성에서 난 외롭지 않아." 뭐 이런 위안을 받는다.

고양이를 키우기 시작하면서 달라진 점이 많다. 집 안에서 모든 행동을 조심한다. 걷는 것부터 시작해 물건을 놓을 때 고양이 눈치를 본다. 고양이들이 허락하는 소음의 정도가 물리적 기준이다. 음악도 클래식을 주로 듣는다. 그리고 약속이 반으로 줄었다. 되도록이면 현관에서 기다리는 고양이를 위해 일찍 집으로 간다. 뭐 일찍 간다고 칭찬을 듣는 것은 아니지만, 세 마리의 생명체가 함께하는 내 공간이 멋지게 다가온다.

물리학을 대표하는 고양이가 있다. 슈뢰딩거의 고양이다. '슈뢰딩거의 고양이'는 1935년 에르빈 슈뢰딩거가 원자 세계를 해석하는 어려운 문제를 고양이에 비유해 설명하며 등장했다. 현실 세계의 움직임은 뉴턴의 운동 방정식을 통해 대부분 예측할 수 있다. 하지만 원자의 세계는 뉴턴의 방정식을 통해 해석할 수도 없고, 직관적으로 이해하기도 쉽지 않다. 그렇다면 원자 세계 속 전자의 움직임을 알 수 있는 방법은 무엇일까?

전자의 움직임은 오직 확률적으로 해석할 수밖에 없다. 뉴턴의 방정식으로 설명할 수 없는 이유는 뭘까? 양자의 세계가 본질적으로 거시적인 현실의 세계와 다르기 때문이다. 양자의 세계는 현실의 세계와 본질적으로 다르다. 양자역학의 세계에서는 전자가 어디에 있는지 측정하기 전에는 알 수 없다. 측정한 후에야 전자의 위치를 알 수 있으며, 측정 전에는 확률로서 예측할 수밖에 없다. 아인슈타인은 이처럼 확률로 표현되는 양자역학의 세계를 못마땅하게 생각했지만, 원자의 세계를 해석하는 방법은 이것이 정설이다.

물리적 실체란 측정한 후에 나온 결과물이다. 어려운 말이라 다시 풀어서 이야기해 보면, 사물의 본질은 측정 후에 결정되는 결과물이라는 이야기다. 측정하기 전에는 오직 확률적으로만 예측할 수 있고, 측정 후에 물리적 실체의 존재가 밝혀진다는 의미다. 뚜껑을 열어 보지 않고 알 수 있는 것은 없다. 사물은 오직 확률로만 존재할 뿐이다. 슈뢰딩거는 고양이가 등장하는 사고실험을 통해 양자역학의 미시세계와 현실의 거시세계를 구분하고 이해하는 방법론을 제시했다. 그 고양이가 저 유명한 슈뢰딩거의 고양이다.

세 마리 고양이와 함께 살면서 사물의 이면을 많이 생각하게 된다. 조용한 세 마리 고양이의 움직임이 좌표축 공간을 만들고, 난 그 공간 속에서 한 점이 된다. 나는 고양이를 관찰하고 고양이는 나를 다 아는 듯이 관찰한다. 이런 공간에서 만들어지는 고양이와의 관계는 마치 성질이 다른 두 개의 세상 같다. 내가 사는 현실 세계와, 슈뢰딩거의 고양이가 사는 양자 세계처럼.

푸딩아
미안하다.

3

코로나 시대의
과학

나노 세계와의
공존

내일의 가능성을
믿어야 한다.

으레 학기가 시작되면 학생들의 부산한 움직임과 떠드는 소리가 한 시간 간격으로 반복된다. 나에게는 그것이 정확한 시계였다. 종이 울리면 복도를 가득 메우는 학생들, 첫 수업이 끝나고 수강 신청을 변경하기 위해 신청서를 들고 연구실로 찾아오는 학생들. 그런데 이제는 비대면으로 접해야 하는 상황이 되었다. 텅 빈 학교. 모든 연락을 이메일로 하고 서류 처리 역시 이메일로 한다. 강의 역시 당분간 인터넷을 통해 영상으로 진행해야 한다.

물리학의 기본 법칙 중 하나인 관성의 법칙은 가장 위험하지 않은 법칙 중 하나다. 외부로부터 힘이 가해지지 않는 한 물체는 상태를 그대로 유지하려고 한다는 법칙이다. 어제와 같은 오늘, 오늘과 같은 내일. 우리는 늘 그랬던 것처럼 시간이 흘러갈 것이라고 안심하고 살았던 것은 아닌지. 조금은 느리고 조금은 비합리적일 수 있고 더딘 일상이었지만, 일상을 계속 유지하려는 법칙이 깨지면 어떻게 될까? 요즘과 같이 관성의 가치가 깨진 상황에서 우리의 미래는 어떤 또 다른 규칙을 만들어 낼까? 관성이 외부에 힘에 의해 깨지면 새로운 물리적 시스템이 만들어진다. 두려운 미래가 나타날 수도 있고, 발전적인 미래가 찾아올 수도 있다. 감성적으로 과거를 그리워할지도 모른다. 하지만 내일의 가능성을 믿어야 한다. 작은 나노 사이즈의 바이러스에 의해 우리의 일상이 사라지지는 않을 테니까.

생명의 기본 단위는 세포다. 모든 동물이나 식물이나 박테리아 등은 세포로 구성되어 있다. 세포의 내부에는 산성을 띤 핵산이 있는데, DNA(데옥시리보핵산)와 RNA(리보핵산)라고 불리는 두 종류의 핵산이 있다. 바이러스는 1892년 담배 잎사귀에 반점을 만드는 모자이크병의 병원체로 발견되었다. 이 생명체와 비생명체의 중간 단계인 바이러스는 핵산과 단백질로 이루어진 가장 단순한 존재다. 오직 숙주 세포 내에서만 번식한다.

신종 코로나 같은 RNA 바이러스는 변이가 잘 일어나는 특성이 있다. 돌연변이를 일으켜 유전자의 자연 변형이 생겨난다. 이런 바이러스를 차단하려면 바이러스의 정확한 유전 정보를 알아내야 한다. 바이러스를 탐지하는 데에는 PCRPolymerase Chain Reaction이라고 하는 DNA 증폭 기술이 이용된다. 이 기술은 1986년 캐리 B. 멀리스Kary B. Mullis에 의해 개발되었으며, 멀리스는 이 기술로 1993년 노벨 화학상을 수상했다.

나노 크기의 바이러스의 세계는 눈으로 보거나 만질 수 없다. 마치 나노의 세계로 설계된 반도체처럼. 우리는 눈으로 볼 수 없고 만질 수 없는 바이러스의 세계와 공존하며 살아가야만 한다. 우리에게 필요한 것은 정확한 분석을 통한 과학적 힘이다. 하나 더 필요한 게 있다면, 함께 지구라는 행성에서 살아가는 공동체 의식 아닐까?

당분간 인터넷 강의를 통해 학생들을 만날 것이다. 신입생의 경우는 아직 얼굴 한 번 마주치지 못한 상태다. 이 시기가 지나면 교실이나 복도, 운동장에서 마주치는 일상의 대학 캠퍼스 풍경이 우리에게 얼마나 값진 것이었는지 더 실감할 수 있을 것이다. 그 봄날을 위해, 따뜻한 햇살은 우리에게 점점 더 다가오고 있다.

투 트랙
two track

금기를 깬
과학자들

중요한 것은 지금 우리에게
이런 시간이 주어졌다는 점이다.

온라인 강의를 시작한 지 2주째다. 처음엔 시간도 많이 들고 어색했는데, 이제는 익숙해졌다. 온라인 강의를 하다 보니 하나둘 장점이 보이기 시작했다. 걱정했던 것보다 학생들이 시간을 두고 더 꼼꼼히 강의를 듣는다. 그만큼 이해도가 높아지지 않았을까. 또 질문이 더 많아졌다. 질문하는 학생들의 이름이 눈에 금방 들어온다. 강의실이었다면 강의에 묻혀 그냥 지나쳤을 것들을 이제는 많은 학생과 함께 공유하고 있다.

이번의 온라인 강의 경험을 통해 앞으로 분명 더 좋은 교육 환경이 만들어질 것이다. 온오프라인이 결합된 미래의 교육에 대해 어렴풋하게 생각만 했지 이렇게 생생한 경험을 통해 새롭고 구체적인 미래를 생각하게 될 줄은 몰랐다. 과거에 얽매이지 말고, 현재에서 미래의 갈 길을 찾아야 하지 않을까 하는 생각이 든다.

요즘은 날씨가 좋아 자전거를 타고 학교에 다닌다. 한강 변에 살고 있어 강변을 따라 페달을 밟다 보면 학교에 금방 도착한다. 한강 변의 새롭고 멋진 풍경을 발견한 것은 또 다른 큰 선물이다. 관성의 틀에서 벗어나 새로움을 경험하고 시도해 본다는 것, 이는 분명 기회이다. 연구도 마찬가지가 아닐까? 가지 않은 길, 해 보지 않은 시도, 당연해서 뒤집어 생각해 보지 않았던 것, 어쩌면 여기에 뜻밖의 질문과 답이 있지 않을까? 중요한 것은 지금 우리에게 이런 시간이 주어졌다는 점이다.

과학자들은 1970년대 중반까지, 생명의 정보가 DNA에서 RNA로, RNA에서 단백질로 전달되며 그 역과정은 없다는 분자 생물학의 중심

원리(센트럴 도그마)를 철석같이 믿었다. 하지만 생물학자 하워드 테민 Howard Martin Temin 박사와 화학자 데이비드 볼티모어David Baltimore 박사는 'RNA 바이러스'의 경우 RNA로부터 DNA가 만들어지며, RNA가 세포의 유전 물질로 작용한다고 주장했다. 코로나19도 RNA 바이러스의 일종이다.

그 당시에는 센트럴 도그마가 워낙 굳건했기 때문에, 이 두 과학자의 새로운 주장을 그 누구도 거들떠보지 않았다. 하지만 테민 박사와 볼티모어 박사는 각자의 연구를 통해, RNA 바이러스에는 RNA로부터 DNA를 합성할 수 있는 특별한 단백질이 있다는 것을 과학적으로 밝혀냈다. 이 결과는 국제 저널 《네이처》에 나란히 발표됐으며, 이 발견으로 바이러스 연구와 암 연구에 새로운 창이 열렸다. 1975년 두 과학자는 노벨 생리의학상을 수상했다. 학계의 금기를 깨는 두 과학자의 연구가 없었다면 과연 어떻게 되었을까?

요즘, 지금까지 해 왔던 연구, 강의, 삶의 방식, 삶의 목표에 대해 많은 생각을 하게 된다. 혼자 있는 시간도 더 많아지고 책을 보는 시간도 더 많아졌다. 가족들과 함께하는 시간 역시 많아졌다. 사회적 거리두기의 장점이라면 장점일 듯싶다.

바이러스가 진정된 이후의 미래는 어떤 세상일까? 다른 것은 몰라도 물리학적으로 우리가 사는 세상은 비가역적인 세상이다. 과거의 원점으로 돌아가고 싶어도 절대 되돌아갈 수 없고, 시간이 지나면 새로운 현실이 그 지점에서 기다리고 있다. 그렇다면 지금 우리는 무엇을 준비하고 무엇을 해야 할까?

깨지는게
금기

더 투명하고
선명한 세상으로

지켜보고 있다.

학생들이 없는 학교를 지키고 있다. 벚꽃이 홀로 지고 조용히 녹음의 계절이 다가온다. 나는 평상시와 다름없이 아침 일찍 자전거를 타고 학교에 와서 연구와 인터넷 강의를 한 후, 해 지기 전 자전거를 타고 퇴근을 한다. 연구실에서 혼자 마이크로 강의를 녹음한 후 사이버 캠퍼스에 올리고, 학생들의 질문을 컴퓨터상으로 해결하다 보면 하루가 금방 지나간다. 어떤 날은 연구실에서 말 한마디도 하지 않고 혼자 시간을 보내다 집에 간 적도 있다. 이런 날이 올 줄은 한 번도 상상하지 못했는데⋯. 눈앞에 있는 현실은 현실이다.

온라인 강의를 하다 보면 학생들 개개인의 움직임이 투명하게 보인다. 물론 인터넷상이다. 몇 시 몇 분에 강의를 들었고 누가 강의노트를 다운로드했는지, 학생별 강의 진도−숙제 제출−지각−결석이 기록으로 남아 한눈에 확인할 수 있다. 질문을 하는 학생들 한 명 한 명과 긴밀한 소통이 이루어진다. 교실에서 강의를 했다면 보이지 않았을 학생 개개인의 움직임을 또 다른 차원에서 볼 수 있게 되었다. 이는 분명 온라인 강의의 장점일 것이다.

하루하루 보고되는 코로나 바이러스의 확진자 수와 감염자 동태를 확인하면서 세상의 투명성에 대해 생각해 보게 되었다. 이제는 2차원 평면이 아니라 개개인의 움직임까지 포함된 3차원 인터넷 공간에서 더 선명하게 세상의 움직임을 파악할 수 있게 되었다. 전염병이라는 특성상 투명하고 선명하게 관리하려면 이 방법이 효과적일 것이다. 다른 것을 떠나 하루가 다르게 세상은 분명 더 투명하고 선명해지고 있다.

의학 도구의 발전은 이미지를 통해 발전해 왔다. 1895년 뢴트겐 Wilhelm Conrad Röntgen이 X선을 발견하면서 시작된 2차원 평면의 의료 영상 기술은 1970년대 초 획기적인 컴퓨터 기술의 도움을 받아 3차원 인체 영상을 얻을 수 있는 CTComputed Tomography로 발전했다.

지금은 MRIMagnzetic Resonance Imaging(자기 공명 단층 촬영법)가 개발되어 인체의 모든 부분을 단면 및 3차원 영상으로 촬영할 수 있고, 촬영 이미지를 통해 질병의 유무를 진단할 수 있게 되었다. MRI는 강력한 자기장 속에서 인체가 고주파에 반응하는 '핵자기 공명 현상'을 이용한 장치로, 이 장치를 개발한 폴 C. 라우터버Paul Christian Lauterbur와 피터 맨스필드Peter Mansfield 박사는 2003년 노벨 생리의학상을 받았다.

MRI 기술의 우수성은 가히 놀랄 만하다. 비유하자면 단순히 라디오에서 흘러나오는 음악을 감상하는 수준이 아니라, 콘서트홀에 앉아 오케스트라 음악을 감상하며 여러 악기가 제대로 연주되고 있는지까지 확인할 수 있는 장치다. 어느 악기가 틀린 음색을 내는지 알아내듯, 우리 몸속 기관의 확인되지 않는 질병까지 밀리미터 이하의 분해능으로 정확히 알아낼 수 있다.

과학 기술의 진보는 점점 더 정확해지고 더 빨라지고 더 체계적인 방향으로 진화하고 있다. 거대한 오케스트라의 미세하게 틀린 음색을 낱낱이 분석할 수 있을 정도로 모든 과학, 기술, 통신 및 의학은 발전하고 있다. 되돌아갈 수 없다는 게 세상의 이치라고 본다면, 아마도 코로나 이후의 세상은 이런 방향으로 나가지 않을까? 더 정교해지고 더 투명해지는 쪽으로 말이다.

기술 과
마음

100년 전의
몽상

그 꿈이 일론 머스크에 의해
다시 실현되는 중이다.

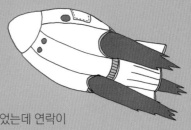

　논문을 국제저널에 투고한 지 석 달이 넘었는데 연락이 없다. 편집장에게 편지를 보냈다. 한참이 지나, 심사위원 선정에 어려움을 겪고 있고 늦어서 미안하다는 연락이 왔다. 이해가 되었다. 이런 상황은 한두 사람만이 겪는 문제가 아닐 것이다. 얼마 전에는 함께 공동 연구를 하는 프랑스 동료가 코로나 바이러스에 감염되어 그 고통을 간접적으로 실감했다. 그는 "지옥 이상의 고통"이라고 말했다.

　작년까지만 해도 연필과 노트에 의존하는 나의 강의 준비는 이제 완전히 전자식 노트패드로 바뀌었다. 온라인 강의는 문제점도 많지만 이제 적응 단계를 지나 궤도에 오른 듯하다. 학생들은 착실히 수업을 듣고, 과하다 싶게 낸 숙제도 혼자 힘으로 열심히 하고 있다. 더 자주 격의 없이 인터넷 창을 통해 24시간 소통이 이루어지고 있다. 발전이라면 발전이다.

　하지만 이렇게 준비된 학생들에게 어떤 미래가 기다리고 있을까? 많은 사람이 지금의 이 상황이 더 지속될 것이고, 다시 원점으로 돌아갈 수 없다는 것을 알고 있다. 하지만 어느 누구도 미래를 위해 우리가 무엇을 해야 하는지, 그 구체적인 실천 방안을 제시하지 못하고 있다. 특히 젊은 학생들의 미래에 대해서는.

　이런 와중에 일론 머스크Elon Reeve Musk의 스페이스X에서 민간 유인 우주선 '크루드래곤'을 쏘아 올렸다. 이 우주선은 국제우주정거장과의 도킹에도 성공했다. 지난 9년 동안 엔진 고장, 낙하산 오작동, 연료 주입 안전 문제, 유인 우주선 가스 누설 등 무수한 실패 속에서도 포기하지 않고 꾸준히 노력한 결과다.

처음 우주 정거장을 구상한 사람은 1857년에 태어난 구소련의 물리학자 콘스탄틴 치올콥스키다. 그는 1893년에 〈달 위에서〉, 1895년에 〈지구와 우주에 관한 환상〉이라는 글을 발표했다. 1920년에는 처음으로 우주 정거장을 고안했다. 지금으로부터 딱 100년 전의 일이다. 당시 지구는 스페인 독감이 휩쓸던 때였다. 전 세계적으로 약 5억 명이 감염되어 5000만~1억 명 정도가 사망했고, 우리나라에서도 전체 인구의 약 25~50%가 감염되어 약 14만 명이 사망했다.

어찌 보면 그 무렵 우주 정거장에서 식물을 재배하고, 인공 중력을 만들고, 거대한 거울을 통해 통신을 할 수 있다고 생각한 그는 단지 몽상가였을지도 모른다. 하지만 그의 꿈은 단지 꿈이 아니었다. 그의 영향을 받은 사람들이 로켓을 개발하고, 1924년에 우주비행협회를 만들었으며, 1957년에 세계 최초의 인공위성 스푸트니크를 쏘아 올렸다. 100년 동안 이어져 온 꿈이 일론 머스크에 의해 다시 실현되는 중이다.

우리는 마스크 부족 문제를 해결하는 데 6개월이 걸렸다. 앞으로 닥칠 어려운 경제적 문제를 해결하는 데에는 더 오랜 시간이 걸릴지도 모른다. 하지만 이럴 때일수록 과학자들은 100년 전 우주여행을 언급한 콘스탄틴 치올콥스키처럼 미래의 꿈을 이야기해야 하지 않을까? 원점으로 돌아갈 수 없다면, 그보다 더 나은 미래를 상상해야 하지 않을까? 어쩌면 지금의 몽상이 젊은이들의 미래에는 현실이 될지, 또 모를 일이다.

우주
정거 장

우주의 관성으로
코로나19를 본다면

기적 같은 우연의 일치 속에
해와 달, 지구가 자전과
공전을 반복하고 있다.

다시 한 학기가 시작이 되었다. 1학기의 상황과 다르지 않다. 달라진 점이 있다면 이 상황에 더 익숙해졌다는 것뿐. 학생들도 이제는 안정적으로 공부에 몰입하는 것 같다. 주위의 동료 교수들도 이제는 인터넷 강의에 많이 친숙해졌다. 연구 역시 예전과 같은 활발한 국제적 협력은 어렵지만, 연구실에서 조용히 진행되는 중이다. 이런 대학의 상황을 보면 뭔가 관성의 힘이 붙은 느낌이 든다.

관성의 법칙은 물리학에서 처음 배우는 뉴턴 물리학의 가장 기초적인 개념이다. 이 법칙의 가장 중요한 키워드는 '연속'이다. 어떤 정지 상태나 운동 상태에서 외부의 힘이 작용하지 않으면 물체는 계속해서 정지해 있거나 계속해서 똑같이 운동하려고 한다. 그래서 유조선이 가던 방향을 90도로 바꾸기 위해서는 엔진을 끄고 수 킬로미터 이상을 더 가야 한다. 유조선보다 더 무게가 나가는 항공모함이 방향을 바꾸려면 더 긴 시간과 거리를 필요로 한다. 무거운 물체일수록 방향을 쉽게 바꿀 수 없기 때문이다. 자기가 가던 방향을 바꾸기 위해서는 또 다른 강력한 힘이 필요하다. 그러면 코로나 바이러스라는 힘에 의해 바뀐 일상의 변화는 그 방향을 바꾸기 위해서 어떠한 힘과 얼마만큼의 시간이 필요할까?

우주를 비행하는 물체는 자신의 방향을 바꾸기 힘들다. 지구에서는 공기 속의 입자들이 비행하는 물체에 부딪혀 저항을 만들지만, 우주 공간에서는 비행을 막는 저항의 힘이 없기 때문이다. 저항이 없으면 쉽게 멈출 수 없다. 우주에서 우주선을 수리하기 위해 우주선 밖으로 나와 망치를 휘

두르다가 놓치면 망치는 회전하면서 우주 끝 어딘가에 부딪칠 때까지 날아간다. 즉 관성의 힘은 그 환경의 지배를 받는다.

우리는 뉴턴 역학의 중심인 태양을 중심으로 살고 있다. 지구와 태양은 기적적으로 가장 적절한 위치에 놓여 있다. 지금의 위치보다 멀었다면 지구는 화성처럼 얼어붙은 사막이 되었을 것이다. 반대로 가까웠다면 지구는 금성처럼 산성비가 내리는 뜨거운 행성이 되었을 것이다. 멀거나 가깝거나, 둘 다 살아남으려는 생명체에게는 혹독한 곳이다. 달 역시 지구가 지금과 같은 공전 주기를 유지하는 데 가장 적절한 크기를 가지고 있다. 지금보다 작았다면 지구의 자전을 방해해 지금과 같은 안정적인 지구 환경이 되기 어려웠을 것이다. 이처럼 지구에 생명체가 진화하면서 살아갈 수 있게 된 것은 달과 지구가 아주 적절한 크기와 거리를 유지한 덕분이다.

지구의 크기와 질량 역시 가장 적절한 값으로 만들어져 있다. 만일 지구가 지금의 질량보다 작았다면 중력이 작아져 대기 중에 산소를 붙잡아 둘 수 없었을 것이다. 만약 질량이 컸다면 원시 시대에 형성된 유독 가스가 대기 중에 섞여서 생명체가 살아가기 힘들었을 것이다. 이 기적 같은 우연의 일치 속에 해와 달, 지구가 자전과 공전을 반복하고 있다.

관성의 틀 속에서 지구를 비롯해 인간의 삶과 환경이 가장 적절히 세팅되어 있다는 것은 기적에 가까운 일이자 가장 다행스러운 일 중의 하나다. 그러면 새롭게 등장한 코로나라는 변수는 어떻게 볼 수 있을까? 물리학적 입장에서 보면, 이런 견고한 우주의 관성의 틀 속에서 코로나와 같은 시련은 어쩌면 변화를 만드는 작은 힘 축에도 들지 않을지 모른다. 우리에게는 큰일이지만.

우주
관성

열린 마음이 이끄는 새로운 우주

과학계는 얼음 밑의 강물처럼
유유히 흐르고 있었다.

인터넷으로 강의를 했던 지난 일 년이 지나갔다. 대학에선 줌을 통한 인터넷 강의가 익숙한 방법으로 자리 잡았고, 학문적인 면에서도 이제는 줌을 통해 국내외 학자들과 자연스럽게 교류하고 있다. 비행기를 타지 않고도 세상 곳곳의 학자들을 편안한 시간에 만날 수 있다. 세상은 이제 새로운 소통의 방법을 찾은 것일까?

한 학생이 "저희는 줌을 통해서 친구들이랑 함께 술도 마셔요. 재미나요."라고 이야길 한다. 나 역시 멀리 지방에 있는 동창들과 화상으로 오래간만에 술을 한잔했다. 컴퓨터 모니터 앞에서 술 한 잔을 놓고 서로 웃고 떠들고 이야기하는 풍경을 누가 상상이나 했겠는가? 하지만 이 생소하게 느껴질 수도 있는 풍경은 이미 버릴 수 없는 우리의 귀중한 풍경이 되어 버렸다.

일상적으로 해 오던 관성에서 벗어나게 되면 처음에는 생소하고 불편하기 마련이다. 하지만 덤으로 새로운 재미를 발견하기도 하고 가능성을 찾기도 한다. 이런 변화에 대해 항상 문을 열어 놓아야 한다. 변화에 유연해야 한다. "한번 해 보지, 뭐!" 하는 마음과 호기심이라는 열린 마음, 이런 긍정적인 마음가짐이 우리를 새로운 세상으로 이끈다.

겉보기에 지난해 신종 코로나 바이러스로 온 지구가 정지했던 것처럼 보이지만, 과학계는 얼음 밑의 강물처럼 유유히 흐르고 있었다. 지구의 도전은 우주로 향했다.

일론 머스크의 스페이스X는 민간 유인 우주선 '크루드래곤'을 쏘아 올려 국제우주정거장과의 도킹에 성공했고, 더 나아가 화성에 유인 우주선을 보내는 프로젝트도 추진 중이다. 이제는 어느덧 화성에 우주선을 착륙시킬 수 있는 단계가 되었다. 미국, 유럽연합, 러시아, 인도뿐 아니라 중국, 아랍에미리트도 성공해 활발한 화성 탐사가 이뤄지고 있다. 머지않아 화성은 지구와 가장 친숙한 행성이 될 것이다. 소행성 '류구'에 착륙한 일본의 탐사선은 표면이 아닌 심층 토양을 채취해 지구로 가져왔고, 소행성 '베누'에 착륙한 미국의 탐사선도 토양을 채취해 지구로 오고 있다. 중국은 달 토양을 채취해 지구로 돌아왔다. 구소련에 이어 두 번째다. 우리는 이 같은 외계 행성 연구로 태양계 형성의 비밀에 점점 다가가고 있다.

살아가기도 힘든데 왜 우주 연구에 투자해야 하는가 하는 질문을 던질 수 있다. 하지만 지금 우리가 이렇게나마 누리고 있는 것은 부족했던 시절 미래를 보고 기초 과학에 투자했던 결과다. 반도체, 배터리, 디스플레이, 자동차 등등. 과학의 발전은 하루아침에 이루어질 수 없다. 코로나 백신 개발도 마찬가지다. 선진국의 예로 확인할 수 있듯 기초 과학에 대한 지속적인 투자가 뒷받침돼야 가능한 일이다. 지금 우리가 선진국의 우주 개발 연구를 무관심하게 바라봐서는 안 되는 것도 이런 이유 때문이다.

지구상에 있는 모든 사람들에게 주어진 시간은 어디까지나 똑같은 시간이다. 상대적으로 느리게 느껴지고 빠르게 느껴질 수는 있지만, 일 분은 일 분이고 한 시간은 한 시간이다. 얼마나 소중한 시간인가. 어려운 이 시기이지만, 미래를 위한 기초 과학에 시간을 투자해야 한다는 것이 그 무엇보다도 중요하다고 꾹꾹 눌러 적어 본다. 새해 아침이다.

우주가 다냐!

지구에도 백신 접종이
필요하다

탄소 배출량 감량에
성공할 수 있을까?

'괜찮겠지, 나는!' 하는 생각으로 기다리던 백신을 맞았다. 내 나이 때 친구 교수들은 다들 주말이 시작되기 전 금요일에 맞았지만, 나는 무슨 자신감인지 화요일 아침에 맞았다. 주사를 맞고 학교에 갈까 하다가 약간 머리가 무거워져 집에서 일하기로 했다. 웬걸, 시간이 지나자 침대에서 땀을 흘리고 있었고, 프로 권투선수에게 갈비뼈를 무참히 가격당해 링 위에 누워 버린 것처럼 무기력해졌다. 직업 정신에 누워서 책을 펼쳐 들었으나 글이 눈에 들어오지 않았다. 준비한 해열 진통제를 챙겨 먹고 깊은 잠에 빠져들었다.

이틀 동안 꼼짝없이 집에 있었다. 간간이 괜찮으냐는 동료 교수들의 문자에 "아프다!"라고 답변을 보내면 "아프면 건강한 증거!"라는 괴상한 (?) 답변이 돌아왔다. 항체 형성을 위해 바이러스와 싸우는 것은 오롯이 내가 감당해야 할 몫이다. 누워 있는 동안 아프면 안 되겠다는 생각이 많이 들었다. 나 자신을 위해서라도, 그리고 내 주위에 있는 사람들을 위해서라도.

지구에게도 백신이 필요하다. 최근 기후 위기와 지구 온난화, 탄소 중립에 관한 논의가 되고 있어 다행이긴 한데, 내가 보기엔 한참이나 늦었다. 미래학자 제러미 리프킨Jeremy Rifkin 교수는 지구 생존에 대응할 시간으로 "면도날 같은 시간만 남았다"고 했다. 면도날 같은 시간이라면 물리적으로 얼마나 짧은 시간일까 생각해 본다. 어느 기업가는 "탄소 중립은 선택이 아니라 기업 경쟁력"이라고 했다. 탄소 배출 없는 공장을 만드는 것 역시 힘든 일일 것이다.

지구 온난화를 일으키는 가장 큰 원인은 온실가스 중 하나인 이산화 탄소의 증가에 있다. 석유와 석탄과 같은 화석 연료가 문제다. 그리고 무분별한 개발로 인해 나무숲이 사라지면서 온실 효과의 영향이 더 커지고 있다. 현재와 같이 온실가스가 계속 증가하면 지구의 온도는 높아질 수밖에 없고, 이는 대기 중 수증기의 증가로 인한 강수량 증가, 빙하의 감소로 인한 해수면의 상승으로 이어질 것이다. 또 해수면의 상승은 해류의 비정상적인 흐름인 엘니뇨 현상 등을 불러일으킬 것이다.

화력 발전소의 이산화 탄소 배출량은 전체 이산화 탄소 배출량의 많은 부분을 차지한다. 이 문제를 해결하려면 화석 연료가 아니라, 태양광을 포함한 재생 에너지나 원자력에 기댈 수밖에 없다. 그러나 재생 에너지나 원자력에 의해 전력이 생산된다면 그 구성 비율은 어떻게 해야 할까? 경제성과 안정성을 고려한다면, 솔로몬 왕의 재판처럼 그 판단은 결코 쉽지 않을 것이다. 과연 우리는 탄소 배출량 감량에 성공할 수 있을까?

얼마 전 건강 검진에서 의사 선생님이 말했다. "체중을 5kg 줄이셔야 합니다. 두 달 후에 5kg 감량한 후 오세요." 두 달 동안 부단히 노력했으나 몸무게는 아주 조금 줄어들었다. 병원에 가기 2주 전, 불행 중 다행으로 장염에 걸려 일주일간 죽을 만큼 고생을 했다. 몸무게를 재 보니 기적같이 5kg이 빠져 있었다. 그 체중으로 병원에 가 피검사를 받고 난 다음 의사 선생님을 만나니 의사 선생님이 차트를 보고 "이거 보십시오! 다 정상으로 돌아왔잖아요!" 하시며 좋아하셨다. 그 후 그 체중을 유지하고 있다. 하루하루 불가능에 가까운 노력을 하면서!

탄소
중립

4

젊은 과학도들을
위하여

이중적 특성의
물리와 인생

실수와 기회는 서로 맞닿아 있다.

연구를 하다 보면 학생들의 무모한 시도나 터무니없는 실수에서 좋은 아이디어가 나오는 경우가 많다. 엉뚱하고 황당한 실험이나 실수로부터 새로운 연구의 방향이 열리기도 한다.

예를 들어 노벨상 수상자 시라카와 히데키의 전도성 고분자 발견은 제자가 실수로 촉매를 1000배 이상 넣은 바람에 이뤄진 것이다. 물론 실수를 실수로만 보지 않고 유연한 사고로 새로운 현상의 의미를 끈질기게 추적했기 때문에 가능한 일이었다.

나 역시 일본에서 유학할 때 지도교수의 의견을 무시하고 내 식으로 실험을 했던 적이 많았다. 반항은 아니고, 그놈의 호기심 때문에 가라는 길에서 벗어났던 것뿐이다. 현실적으로 결과를 내는 데 더딘 길이었지만, 폭넓은 경험이라는 입장에서 보면 지금의 나를 만드는 데 더 도움이 되었던 길이 아니었나 싶다. 하지만 지도교수 입장에서 보면 얼마나 갑갑한 일이었을까? 그래도 지켜보면서 잔소리 한번 하지 않은 지도교수가 새삼 존경스럽다.

학생들에겐 한 가지로 정의할 수 없는 젊음이라는 다면적인 능력이 있다. 내가 갖지 못한 젊음의 힘이 있다. 그 젊음 속에는 고정관념을 무너트리는 무모함이 있다. 이런 무모함이 창의성의 원천이다. 이런 젊음은 어떠한 지혜와 지식보다도 힘이 세다. 물리학은 이러한 젊음의 힘에 의해 새로운 세계가 열렸고 꾸준히 발전해왔다.

그 대표적인 예를, '불확정성 원리'를 발견한 하이젠베르크Werner Karl

Heisenberg와 새로운 원자 이론을 제시한 닐스 보어Niels Henrik David Bohr와의 관계에서 찾을 수 있다. 닐스 보어의 정신적, 재정적 도움을 받은 하이젠베르크는 1927년 불확정성 원리를 발표했는데, 이를 통해 그는 지금까지 물리학에 적용되었던 결정론이 원자의 세계에서는 적용되지 않는다는 것을 밝혔다. 틀에 박히지 않은 젊음의 힘으로 양자역학이라는 새로운 문을 열어젖힌 것이다.

원자의 세계에 존재하는 모든 입자들은 입자와 파동이라는 두 가지 성질을 동시에 가진다. 이 두 성질은 불확정성 원리를 따른다. 보어는 이런 원자 세계의 근본 원리를 상보성으로 파악했다. 어떤 실체는 서로 상충되는 성질을 동시에 가지고 있고, 그 실체를 파악하려면 그 성질 중 하나만을 선택할 수밖에 없다. 즉 두 가지 성질이 동시에 존재하지만 우리는 한 가지만을 사용할 수 있다는 말이다.

입자와 파동의 성질을 동시에 가진 입자라니, 이게 무슨 소리일까? 그런데 따지고 보면 인간의 삶 역시 이처럼 이중적 특성을 가진 입자와 크게 다르지 않다. 인간의 삶은 두 물리적인 상황, 그러니까 새로움과 동시에 낡음을, 즉흥스러움과 동시에 성실함을, 부드러움과 동시에 견고함을, 자극과 동시에 평온함을, 냉철함과 동시에 따뜻함을, 엄격함과 동시에 관용을, 고독과 동시에 관계를 요구한다. 이런 존재하지 않을 것 같은, 기적 같은 상반된 물리적 상황이 인간의 삶을 풍요롭게 이끄는 에너지다.

실수와 기회는 서로 맞닿아 있다. 무모함과 지혜, 이 두 가지 성질을 동시에 취하기란 아마도 동시에 두 문을 통과하는 기술보다도 더 어려움이 요구되는 기술일지 모른다. 그럼에도 나는 무모해서 더 지혜로운, 그런 젊음을 맘껏 응원하고 싶다.

무모함과 양자 역학

빵점 맞은
학생에게

민코프스키에게 아인슈타인은
게으른 학생에 불과했다.

학기말 시험 기간이다. 학생들은 시험으로 고통스러워하고, 가르치는 교수는 시험문제 출제와 채점으로 스트레스를 받는다. 만점 맞은 학생도 있지만, 시험지에 글자 하나 쓰지 못하는 학생들도 있다. 이렇게까지 아무것도 쓰지 못할까 생각하면 잘못 가르쳤다는 생각에 마음이 괴롭다. 게다가 시험이 끝나면 상대평가를 하기 위해 학생들을 성적순으로 줄을 세워야 한다. 90점과 89점, 1점 차이로 A학점과 B학점이 된다. 1점 차이가 어떤 의미에서 무슨 기준의 잣대가 될 수 있는지! 이런 해괴한 잣대를 가진 세상에서 우리는 살고 있다.

나는 평생 공부를 직업으로 삼았다. 나에게 공부는 세상에서 제일 쉬운 일이다. 학교 밖을 나서면 서툴다. 내가 근무하는 대학의 물리학과 동료들은 아침부터 밤까지 공부 하나에만 매달려 있는 사람들이다. 공부에 있어서는 내로라하는 사람들이다. 이들의 일상과도 같은 공부를 자신이 가르치는 학생들에게 강요한다는 것 자체가 무리라고 생각한다. 시험은 하나의 기술일 뿐이다. 학습에 대한 결과를 평가받는 것이지 자신의 삶을 평가받는 것이 아니지 않는가?

아인슈타인은 재수 끝에 취리히 공과대학에 들어갔다. 어렵게 다시 들어간 대학에서 그는 물리학을 공부했다. 당시 이 대학에는 헤르만 민코프스키Hermann Minkowski라는 당대 최고의 수학 교수가 있었다. 아인슈타인은 이 수학 교수에게서 별로 영향을 받지도 않았고 배운 것도 없었다. 아인슈타인은 수학보다도 현대 물리학의 중요한 문제들과 실제 현상에 더 관심이 많았다. 민코프스키 교수 역시 아인슈타인을 알아보지 못했다. 민코프스키에게 아인슈타인은 수학에 관심이 없는 게으른 학생쯤으로 생각되었을 것이다.

아인슈타인은 여느 젊은이들과 마찬가지로 취직에 어려움을 겪었다. 졸업 후 물리학 대리교사와 가정교사를 하다가, 1902년 친구의 도움으로 베른의 특허국에 어렵사리 취직했다.

1905년, 특허국에 근무하던 아인슈타인은 특수 상대성 이론을 세상에 발표했다. 민코프스키 교수는 이 혁명적인 논문을 읽고 상대성 이론을 4차원 시공간이라는 개념으로 재해석했다. 이는 상대성 이론을 수학적으로 시각화함으로써 아인슈타인의 상대성 이론을 널리 알리는 촉진제 역할을 톡톡히 했다. 만약 민코프스키의 시공간 개념이 없었다면 아인슈타인의 상대성 이론은 더 이상 발전이 없었을지 모른다.

상대성 이론의 결과는 넓고도 깊고, 예상을 뛰어넘는 것이었다. 빛의 속도가 보편상수가 되었으며, 이 기본적인 이론은 물리학 발전을 넘어 역사적인 진보를 가져왔다. 후일 민코프스키는 아인슈타인의 학창 시절을 회상하며 다음과 같이 말했다. "그 친구가 이런 훌륭한 일을 해낼 것이라고는 꿈에도 생각해 보지 않았어요."

학생들의 학기말 시험 결과는 단지 공부의 기술을 평가받는 것이지 자신의 철학과 삶의 목표, 꿈, 행복, 이런 것들을 평가받는 것이 결코 아니다. 젊은 친구들에게 공부를 이용해 행복한 삶을 만들어 가는 것이 더 중요하며, 공부는 삶의 기술 중 하나일 뿐이라는 이야기를 하고 싶다. 삶은 길고, 우리가 할 멋진 일은 더 많다.

진정한 빵점이란!

'다른 생각'이
과학의 시작

더없이 가혹한 질문으로
나를 괴롭혀 줬으면 좋겠다.

방학이 시작된 지 어느덧 반이 지났다. 마음이 바쁘다. 그동안 미뤄 둔 연구 프로젝트를 서랍에서 꺼내 다시 시작하고 있다. 학기 중에는 강의도 해야 하고 이런저런 일들을 처리해야 해서 차분히 연구를 진행하기가 쉽지 않다. 항상 그렇지만, 쉬운 문제는 더 이상 남아 있지 않고 해결되지 못한 어려운 문제들만 남아 있다. 방학 때마다 해결하려고 노력하지만 끝내 마치지 못하고 다시 서랍 속으로 들어가곤 하는 것들. 이번 방학에는 해치워야지!

프로젝트를 끝내기 위해서는 내 역할도 중요하지만 함께 일하는 학생들의 역할도 중요하다. 말 그대로 모두 손발이 맞아야 한다. 단순히 내가 시키는 일만을 기계적으로 하는 것이 아니라, 프로젝트가 늦어지더라도 "교수님, 이거 이렇게 하면 안 되나요?", "교수님, 왜 이렇게 되죠?" 하고 문제를 일으켰으면 하는 바람이 있다. 과학은 다른 생각을 가진 이들에게 왜 그런지를 설명해 가는 여정 속에서 만들어지는 학문이기 때문이다.

양자역학을 탄생시킨 베르너 하이젠베르크와 그의 스승인 닐스 보어의 논쟁은 '상보성 이론'으로 발전했다. 상보성 이론은 동시에 한 물체가 파동으로 행동하는 것과 입자로 행동하는 것은 양립할 수 없지만, 그 물체의 성질을 완전히 이해하기 위해서는 두 가지가 다 필요하다는 이론이다. 이 이론에 따르면, 어떤 물체가 입자로서 행동하느냐 파동으로 행동하느냐는 그것을 바라보는 입장에 따라 달라진다. 하지만 이 개념에 도달하기까지 두 과학자의 격렬한 논쟁이 있었다. 스승과 제자로서의 관계가 아니라 대등한 과학자 대 과학자로서. 그 논쟁의 결과로 하이젠베르크의 불확정성 원리와 이를 확률적으로 해석한 슈뢰딩거의 파동 방정식, 닐스 보어 자신의 상보성 원리가 통합되었다. 그리고 이 이론은 양자역학의 핵심 원리가 되었다. 스승과 제자의 관계가 아니라 두 과학자로서 격렬한 토론을 하지 않았다면 이런 양자역학의 발전은 이루어지지 못했을 것이다.

보어는 상보성 이론으로 아인슈타인과도 격렬한 토론을 벌인다. 아인슈타인은 양자역학이 틀리지는 않지만, 우주가 어떻게 작동하는지에 대한 더욱 완전한 설명, 즉 상대성 이론과 양자역학을 모두 아우르는 이론이 필요하다고 생각했다. 아인슈타인은 보어와 논쟁하는 과정에서 "신은 주사위 놀이를 하지 않는다."라는 유명한 말을 남기기도 했다. 우주의 법칙을 우연에 맡길 수 없다고 생각한 것이다. 아인슈타인은 보어의 양자론에 만족하지 않고, 프린스턴 대학교에서 보리스 포돌스키Boris Yakovlevich Podolsky와 네이선 로젠Nathan Rosen과 함께 다른 이론을 모색하기도 했다. 이 이론은 만든 사람들의 이름을 따서 EPR 역설이라 불리는데, 지금도 새롭게 발전하고 있다.

대립된 의견이나 다른 생각을 갖는 것은 중요하다. 새로운 과학적 사실은 반대하는 사람을 설득하는 과정에서 완성되고 발전한다. 이런 논리는 단지 과학 분야에만 국한된 이야기가 아닐 것 같다.

이번 방학에 학생들과 함께 프로젝트를 깔끔하게 끝내서 논문으로 발표하고 싶다. 그러기 위해 함께 연구하는 학생들이 '발전적 대안'을 가지고 더없이 가혹한 질문으로 나를 괴롭혀 줬으면 좋겠다.

미안하다 ~

삼겹살도 찰칵,
칠판도 찰칵

세계 최고 해상도의 카메라로
암흑 물질과 암흑 에너지를
밝혀낼지도 모른다.

학생들과 오랜만에 학교 앞 삼겹살집에 갔다. 노릇하게 삼겹살이 구워지자 다들 핸드폰으로 사진을 찍고 먹기 시작한다. 이제 사진은 오감에 더해져 또 하나의 감각이 되었다. 맛있게 삼겹살을 구워 먹고 난 후 다시 단체 사진을 찍는다. 오늘의 멋진 시간이 사진으로 남겨진다. 하루의 일기처럼. 이 사진이 어쩌면 그냥 메모리에 남겨져 사라질지도 모르겠지만, 함께한 시간과 장소는 정확히 이미지에 남아 있다.

수업을 마칠 때 숙제를 칠판에 적으면 학생들이 핸드폰 카메라로 숙제를 찍는다. 그럴 때마다 농담으로 "나를 빼고 찍어 주세요!"라고 말하곤 한다. 생각해 보면 가장 친숙한 카메라를 활용하는 것은 학생들에게 가장 합리적인 방법일지 모른다. 노트를 통해 공부를 했던 내 세대보다 또 다른 도구를 활용하고 있다는 것은 바람직한 일이다.

내 청춘을 상징할 수 있는 물건 중 하나는 필름 카메라 'FM2'다. 손에 쏙 들어가고 적당히 무겁고 내가 생각하는 순간을 사각의 프레임으로 잡아낼 수 있었다. 어딜 가든지 가방 속에 이 카메라를 넣고 다녔다. 찌그러지고 칠이 벗겨졌지만, 이미지는 정확히 내 감정을 담아 낼 수 있었다. FM2 카메라는 이제 은퇴해서 먼지가 쌓인 채 책장에 놓여 있다.

요즘엔 예전 필름 카메라의 필름 역할을 시모스CMOS(상보성 금속 산화막 반도체)와 전하 결합 소자CCD가 대신하고 있다. 둘 다 일종의 이미지 센서다. 디지털 카메라는 빛의 세기와 색채를 적색–녹색–청색 빛에 대응하는 이미지 센서로 감지하며, 이를 디지털 데이터로 변환시킴으로써 이미지를 얻어 낸다. 이 원리는 아인슈타인이 1905년에 「빛의 생성과 변환에 대한 발견적 견해에 대하여」라는 제목으로 발표한, 광전 효과 이론에 관한 논문에 담겨 있다. 이 논문에서 아인슈타인은 광전 효과를 설명하기 위해, 빛은 파동이 아닌 양자라는 광자photon 개념을 제시한다. 우리는 이 광자를 전자로 변환시킴으로써 영상 이미지를 얻을 수 있게 된 것이다.

최근에는 1억 이상 화소의 카메라가 장착된 핸드폰이 나오고 있다. 인간의 눈에서 망막에 해당되는 이미지 센서는 반도체 기술의 발전으로 더 진화해 나갈 것이다. 최근 칠레에서 만들어지고 있는 루빈 천문대에는 세계 최대 해상도인 32억 화소의 카메라가 설치됐는데, 2020년부터 테스트를 시작했다. 루빈 천문대는 암흑 물질의 존재를 최초로 제시한 여성 과학자 베라 루빈Vera Cooper Rubin의 이름을 딴 천문대다. 세계 최대 해상도를 가진 카메라로 우주의 96%를 차지하고 있는 보이지 않는 암흑 물질과 암흑 에너지의 존재를 밝혀낼지도 모른다.

이미지 센서의 발전으로 세상은 더 명확하고 밝아지고 있다. 한발 더 나아가 보이지 않는 물질까지 볼 수 있는 세상이 되었다. 지구에 사는 사람들은 매순간 카메라로 일상을 기록하고, 이 이미지들은 역사책처럼 축적된다. 이 거대 이미지가 인공 지능을 통해 가공되어 만들어 낼 세상은 또 어떤 세상일까? 과연 어떤 색채를 띤 멋진 신세계일까?

암흑의 색채는 어떤 색?

아인슈타인과
일자리

그 특별했던 시기는
그의 인생에서 가장 독창적인
시간이 아니었을까?

20대 젊은 학생들이 취업하기 힘들어 아르바이트에 내
몰리고 있다. 누구는 장어집에서, 누구는 카페에서 일하고, 누구는
오토바이를 타고 일을 한다. 이제는 이런 아르바이트조차도 구하기 쉽지
않다고 한다.

아인슈타인은 대학을 졸업하고도 한동안 취직하지 못해서 대리 교사
와 가정 교사를 하며 생계를 유지했다. 다행히 친구 소개로 특허국에 일
자리를 얻었는데, 안정된 일자리 덕분이었을까. 아인슈타인은 혼자 집
중할 수 있는 시간을 가지면서부터 중요한 논문을 발표하기 시작했다.
1905년에는 3월, 5월 그리고 6월에 세 편의 역사적인 논문을 연속해서
발표했다. 첫 번째 논문에서는 태양 전지와 LED의 기본원리가 되는 광전
효과를 발표했고, 두 번째 논문에서는 브라운 운동으로 원자의 존재를 밝
혔으며, 세 번째 논문에서는 유명한 공식 $E=mc^2$이 들어 있는 특수 상대
성 이론을 내놓았다. 아인슈타인은 혼자만의 시간을 보낼 수 있었던 그
시기를 각별하게 생각했다. 20대의 그 특별했던 시기는 아마도 그의 인
생에서 가장 독창적인 시간이 아니었을까? 그 후의 시간은 응집된 에너
지를 서서히 풀어 가는 시간이었을 것이다.

10년 후인 1915년, 아인슈타인은 새로운 중력 이론인 일반 상대성
이론을 발표했다. 일반 상대성 이론에 의하면 시공간은 고정되어 있지 않
으며, 강력한 중력은 빛이 지나가는 경로를 휘게 만든다. 이 이론은 타당
성이 검증되기까지 몇 년의 시간을 기다려야 했다.

1919년 5월 29일, 영국의 천문학자 아서 에딩턴Arthur Eddington은 상대성 이론의 옳고 그름을 검증하기 위해 개기일식 때를 기다려 별의 위치를 관측했다. 이때의 관측으로 그는 태양 주변의 별의 위치가 태양의 중력에 의해서 바뀌었다는 것을 확인했다. 아인슈타인의 일반 상대성 이론이 옳다는 것이 증명된 것이다. 에딩턴의 관측으로 상대성 이론에 대한 과학계의 의구심은 사라졌으며, 아인슈타인이라는 물리학자는 세계적인 스타가 되었다. 지금부터 약 100년 전, 스페인 독감이 전 세계를 고통으로 몰아넣던 그 무렵의 일이다.

젊은 아인슈타인을 생각할 때면 요즘 취업 걱정에 괴로워하는 학생들이 자꾸 눈에 밟힌다. 이렇게 어려울 때 정부에서 과학의 중요성을 생각해서 대학의 연구실에서 공부할 수 있게 도와주면 얼마나 좋을까.

100년 전 가정 교사를 하면서 꿈을 이어 나가던 아인슈타인과 같은 젊은 친구들이 있다는 것을 잊지 말아야 한다. 졸업생을 대학의 인턴 조교나 연구원으로 채용했던 '미취업 대졸생 지원 사업'의 부활도 고려해 봤으면 좋겠다. 4대강에 돈을 쓸어 붓던 과거 정권이 그나마 잘한 일 하나가 있었는데, 그게 바로 연구실 인턴 제도였다. 이 제도로 당시 취업하지 못한 졸업생들이 정부의 지원으로 연구실에서 일을 할 수 있었다. 그때 연구실에서 그 시절을 함께 보낸 젊은 친구들이 지금 중년이 되어 우리 사회를 지탱하고 있는 중이다.

기초 과학을 밑받침으로 하는 K방역은 세계적인 자랑거리다. K방역의 우수성을 자랑하는 이 정권에서 미래의 과학적 토대를 위해 방황하는 젊은이들에게 이 정도 투자를 하지 못하는 이유는 대체 뭘까? 안타깝다면 안타깝고 아쉽다면 아쉬운 현실이다.

취업이
분절세…

아인슈타인에게
친구가 없었다면

시험을 준비하던 아인슈타인에게
그 노트는 구세주와 같았다.

마스크를 쓰고 일반 물리학 중간고사를 치렀다. 이날 강의실에서 1학년 학생들을 입학 후 처음으로 만났다. 한 달 후에는 한 학년을 마무리 지어야 한다. 학교가 문을 닫은 채로 벌써 1년이 지나간 것이다.

한 남학생이 시험을 본 후 면담을 신청했다. "혼자서 공부를 하니 몰입할 수가 없고 제가 잘하고 있는지도 모르겠어요." 이 학생은 친구가 없는 듯했다. 이 친구에게 어떻게든지 친구들을 사귀면서 함께 공부를 해 보라고 말해 주었다. 친구를 사귀기 위해서는 먼저 다가가는 마음이 필요하다. 그리고 해 보고 싶은 일을 해 보라고 했다. 지금이 더 기회일 수 있다. 그것이 취미일 수 있고 딴짓일 수도 있지만, 자신이 하고 싶었던 일들을 할 기회 말이다.

물리학은 혼자서 하는 고독한 학문이지만 그렇다고 혼자서만 할 수도 없는 학문이다. 수많은 참고 문헌을 통해 길을 찾고, 다른 사람의 연구를 통해서 자신의 창의적인 생각을 일반화하고, 또 대화를 통해 완성해 나가야 하는 학문이다. 동료들과 토론을 하고 세미나에 참가하는 이유는 다른 학자들을 통해 자극을 받고 함께 문제를 해결할 수 있기 때문이다. 의외로 다른 사람의 생각을 통해 보이지 않던 새로운 길을 발견하는 경우가 많다.

아인슈타인은 1896년 대학에 입학해 한두 명의 친구와 더불어 자신이 사로잡힌 문제에 대해 열정적으로 공부하고 나누기를 좋아했다. 그는 여전히 자신이 방랑자이고 외톨이라고 생각했지만, 친구들과 커피를 마시기 위해 카페를 찾아다니고 자유분방한 친구와 동료들과 함께 음악 콘서트를 즐겼다.

학창 시절에 친구 마르셀 그로스만Marcel Grossmann을 만난 것은 그에게 큰 행운이었다. 그로스만은 강의를 자주 빼먹던 아인슈타인에게 자신의 노트를 보여 주었다. 시험을 준비하던 아인슈타인에게 그 노트는 구세주와 같았다. 그로스만은 아인슈타인이 특허국에 취직하는 데 힘을 보탰고, 특수 상대성 이론을 일반 상대성 이론으로 발전시키는 데 꼭 필요했던 중요한 수학적 계산에 도움을 주기도 했다. 이런 친구가 있다는 것은 아인슈타인에게 무엇과도 바꿀 수 없는 축복 아니었을까.

아인슈타인은 바이올린을 켜곤 했는데, 그의 연주는 취미 이상의 수준이었다. 그는 모차르트와 바흐를 좋아했다. 그에게 음악은 현실 탈출보다는 우주에 숨어 있는 조화, 위대한 작곡가의 창조적인 천재성, 언어를 뛰어넘는 아름다움을 발견하는 의미가 있었다. 그는 음악과 물리학 모두에서 조화의 아름다움을 추구했다. 그가 얼마나 음악에 열정적이었는가 하면, 어느 날 하숙집 옆집에서 모차르트의 소나타 피아노 소리가 들리자 바이올린을 들고 옆집으로 달려가 함께 연주할 정도였다. 음악은 그에게 물리학과 함께 영원한 친구였다.

아인슈타인은 꼴찌에 가까운 성적으로 대학을 졸업했다. 이는 멋지고 흥미로운 사실이기도 하지만, 우리에게 뭔가 모를 위안을 주기도 한다. 면담을 신청한 친구가 대학에서 성적을 떠나 멋진 친구를 사귀고 평생 자신의 삶을 빛내 줄 수 있는 취미를 가질 수 있었으면 하는 생각을 해 본다.

외롭지
안흫아

아폴로 11호 조종사 마이클 콜린스Michael Collins가 90세를 일기로 세상을 떠나 우주의 먼지가 되었다. 1969년 7월 20일, 내가 아홉 살일 때 아폴로 11호 우주선이 달에 도착했다. 나는 그 사실도 모른 채 프로레슬러 김일의 경기를 보러 동네 만홧가게에 갔다. 동네에선 유일하게 흑백 브라운관 TV가 있는 곳이었다. 당시 김일의 프로레슬링 경기를 본다는 것은 내게 가장 의미 있는 주말 행사였다. 지금까지도 내겐 남몰래 간직한 꿈이 하나 있는데, 바로 프로레슬링 선수가 되는 꿈이다. 낮에는 물리학자, 밤에는 프로레슬링 선수!

그런데 그날 내가 본 것은 김일의 프로레슬링 경기가 아니라 인간의 달 착륙 장면이었다. 닐 암스트롱Neil Alden Armstrong의 오른쪽 발이 달을 밟았다. 프로레슬링 중계를 안 했으니 아쉬운 마음에 뻬딱한 자세로 봤을 것이다. 그런데도 그 흑백의 달 착륙 화면이 아직 뇌리에 남아 있는 것을 보면 상당한 충격이었던 듯싶다. 살다 보면 어떤 순간은 내내 잊히지 않고 마음속에 고이 간직된다. 아마도 나에게는 그때가 그 순간이 아니었을까?

'어떻게 저런 일이 가능할까?' 부러운 한편 달에 가고 싶다는 생각이 가득했다. 그 당시 달나라에 간다는 것은 내가 꿈꿀 수 있는 영역이 아니었다. 그러나 그 마음속 풍경이 하나의 씨앗이 되어 물리학자가 되었다. 달나라에서 날아온 전파가 한 소년에게 꿈을 선사한 것이다. 이런 꿈을 선사한다는 것은 과학이 지닌 최고로 멋진 기능이 아닐까?

마이클 콜린스는 인류에게 우주 탐사는 선택할 일이 아니라 반드시 해야 할 일이라고 이야기했다. 미지의 세상에 직접 가 보려고 하는 호기심은 인간의 본성이라고.

최근 테슬라 CEO 일론 머스크의 스페이스X와 아마존 창업자 제프 베이조스Jeffrey Preston Bezos의 블루오리진 등 우주항공 기업들 간의 경쟁이 뜨겁다. 베이조스는 다섯 살 때 아폴로 우주선 달 착륙을 보고 자란, 소위 '아폴로 키드'다. 그 후 그는 우주 드라마 〈스타트렉〉을 보며 우주를 향한 꿈을 키웠다. 머스크 역시 아이작 아시모프Isaac Asimov의 공상 과학SF 소설을 읽으며 우주를 동경해 왔다.

머스크의 스페이스X는 한 번에 100명씩 화성에 보낼 수 있는 우주선의 수직 착륙을 4전 5기 끝에 성공시켰다. 베이조스의 블루오리진은 아폴로 11호가 달에 도착한 날에 맞춰 7월 20일 민간인 탑승객을 태운 유인 우주선을 발사해 우주여행에 성공했다. '아폴로 키드'인 두 사람은 우주 공간 어딘가에 언젠가는 지구와 같은 기능을 가진 소행성을 만들 수 있을 것이라고 믿는다.

얼마 전 모임에서 나는 이 두 사람의 우주 경쟁에 대해 이야기했다. 내 이야기를 듣더니 누군가가 아폴로 우주선 달착륙선 조작설에 대해 어떻게 생각하느냐고 물었다. 카운트다운이 시작된 우주선의 엔진이 갑자기 꺼지는 듯한 마음이 들었다. 얼마 전 중국 화성탐사선 톈원1이 화성 유토피아 평원 남부에 착륙했는데도 이런 말이 나오다니. 지구에서 가질 수 있는 가장 멋진 일은 자신만의 꿈을 간직하는 일이다. 그 꿈을 실현시킬 수 있으면 행운이지만 설령 실현시키지 못하고 우주의 먼지가 된다고 할지라도 누구나 미래를 꿈꿀 수 있는 세상은 멋지다. 아직도 마음의 다른 한 구석에선 레슬링 선수가 되고 싶은 나의 꿈처럼.

마음 한구석

방치된 꿈

젊은 레봉의
슬픔과 중성자

얼마 전 아침, 아르메니아에서 온 유학생 레봉이 부스스한 얼굴로 연구실을 찾아왔다. 집으로 돌아가고 싶다고. 서울에 도착해 2주간의 격리를 마친 지 얼마 지나지 않은 때였다. 레봉은 자신의 여자 친구가 격리 기간에 이별을 통보했다고 했다. 그것도 도착한 지 이틀 후에. 알고 보니 삼각관계였다고. 놀랄 일은 아니지만 가끔 소설 속 이야기가 눈앞의 현실이 되기도 한다. 가족과 함께 있고 싶다는 말에 나 역시 흔들렸다. 그날 비행기 표를 예약해 주었다.

나도 이런 상황에 놓인 적이 있었다. 논산 육군 훈련소를 거쳐 전방에 배치되어 3년 군 생활을 시작할 즈음이었는데 갑작스럽게 이별이 찾아왔다. 내게는 군대 생활의 어려움보다도 실연의 어려움을 극복하는 게 더욱 힘들었다. 세상엔 본인의 의지로 해결할 수 있는 일도 있지만, 시간이 지나야만 해결되는 일도 있다. 이런 일이 이 경우가 아닐까?

다른 이야기지만, 최근 원자핵의 삼각관계에 대한 이야기를 접했다. 알다시피 원자핵은 양성자와 중성자로 이루어져 있다. 1932년 제임스 채드윅James Chadwick이 발견한 중성자는 양성자와 거의 동일한 질량을 가지면서도 중성인 입자다. 양성자와 중성자 사이에는 밀어내는 힘이 작용하기 때문에, 원자핵 내부에는 이 둘을 붙잡아 두는 중간자라는 매개 입자가 있다. 이 중간자의 존재를 처음으로 예측한 사람은 일본의 이론 물리학자 유카와 히데키였다.

1935년, 유카와 히데키는 양자역학적인 불확정성 원리와 상대성 이론을 이용해 전기를 띠지 않고 양성자와 중성자를 핵 속에 잡아 두는 중간자의 존재를 예측했다. 원자핵 속에서는 양성자와 중성자 사이를 왔다 갔다 하면서 두 입자를 핵 속에 붙잡아 두는 핵력이 작용하는데, 이 핵력을 매개하는 입자의 존재를 이론적으로 예측한 것이다. 처음에 유카와가 중간자의 존재를 얘기했을 때, 당시 물리학자들은 그런 입자가 존재한다는 증거가 하나도 없었으므로 그저 재미있는 이야기로만 받아들였다. 그러다 1947년 유카와 히데키가 예언한 중간자가 발견되었고, 1949년 유카와 히데키는 중간자에 대한 예언으로 노벨상을 수상했다.

최근 이 핵력 이외에 제3의 힘이 존재한다는 이론이 다시 주목받고 있다. 양성자와 중성자에 작용하는 강한 핵력 이외에 3체의 힘이 존재한다는 이론이다. 이 이론에 따르면 제3의 힘은 원자핵에 작용하는 결합력의 약 10~25%에 해당하며, 중성자 이외에 중성자가 방출한 또 하나의 중성자 사이에 작용하는 힘이다. 거대 항성이 일생을 마치면 질량의 크기에 따라 블랙홀이 되거나 중심부에 고밀도 중성자가 모인 중성자별이 되는데, 어쩌면 이 이론은 중성자별의 중량 문제를 해결하는 이론이 될지도 모르겠다. 최근 예상 외로 무거운 중성자별이 관측되기도 했다. 이 이론에 대한 검증 실험은 계속되는 중이다.

물리학을 가르치는 사람이지만, 세상에는 물리학이 가르쳐 주지 않는 일이 태반이다. 일상의 삶 속에 물리학이 끼어들기엔 현실이 너무 가혹한 것일까? 이른 아침 지하철을 타면 핸드폰을 바라보는 사람들, 지친 얼굴로 조는 사람이 많다. 우리는 무엇을 통해 현실의 위안을 받을까. 가족, 친구… 각자 삶의 위안이 되는 존재들이 있을 것이다. 레봉이 삼각관계에서 벗어나 다시 연구실로 되돌아오기를 기다려 본다.

제 3의
힘

5

우주와
삶의 비밀

물리학자의
비밀의 정원

그곳은 내가 발 디디고 있는
일상의 현실보다
더 재미있는 곳이다.

잠이 안 오는 새벽이 있다. 연구가 안 풀리는 날이다. 아침까지 이런 방법 저런 방법을 머릿속으로 상상해 해결책을 찾아본다. 해결책이 나오는 날은 침대를 박차고 새벽같이 학교로 달려간다. 하지만 해결책을 찾지 못하고 헤매는 날이 더 많다.

물리학을 연구하면서 갖게 된 즐거움 중의 하나는 비밀의 정원처럼 나만이 드나들 수 있는 시공간을 가지게 됐다는 점이다. 나노 공간 속에서 시공간을 넘나드는 양자의 세계, 한 번도 가 보지 못한 우주라는 세계. 내 눈으로 직접 확인할 수 없지만, 물리학의 미시 세계와 거시 세계는 나에게 있어 허구의 세계만은 아니다. 어찌 보면 그곳은 내가 발 디디고 있는 일상의 현실보다 더 재미있는 곳이다.

지구상에 생활하는 생명체는 지구라는 열차를 타고 우주의 시공간을 여행하는 것과 같다. 이 여행의 특징은 무한 반복에 있다. 하루, 한 달, 일년을 주기로 다시 출발점으로 돌아오는 여행이다. 이런 주기적이고 반복된 시공간이 지구에 사는 우리의 사고와 삶, 일상을 규정한다.

내 일상 역시 다르지 않다. 아침 일찍 지하철을 타고 학교에 도착해 커피를 마시고, 책상에 앉아 수업을 준비하고, 논문을 쓰고, 학생들을 면담하고, 해가 지면 다시 지하철을 타고 집으로 돌아와 잠으로 하루를 마감한다. 어김없이 반복되는 일상이다.

일상의 시공간이 있다면 아인슈타인의 무한한 시공간 역시 존재한다. 지구와 다른 등속도로 움직이는 우주에서 바라본다면 세상은 달리 보인다. 바라보는 사람에 따라 동시에 일어난 일들은 없다. 각자의 시간이 다르게 흘러간다. 따라서 우주에서 절대적인 시간은 존재하지 않는다. 상대적인 시간이 있을 뿐이다. 이 아이디어를 확장한 것이 아인슈타인의 특수 상대성 이론의 시작이다. 이 이론을 통해 아인슈타인은 절대적인 것과 상대적인 것의 의미를 다시금 생각하도록 만들었다.

아인슈타인의 특수 상대성 이론이 우리의 삶에 어떤 영향 미칠까? 그리고 어떤 의미가 있을까? 특수 상대성 이론과 양자역학이 지구에서 지하철을 타고 다니는 평범한 우리에게 어떤 영향을 미칠 수 있을까?

지구상에 존재하는 우리에겐 아무런 영향이 없을 수 있다. 절대적인 모든 가치관을 바꿔 놓을 것 같은 물리학적 이론이 존재하지만, 하루하루 우리의 일상은 달라질 것도 없고 변함이 없다. 있다면 우리 현실 세계의 시공간이 상상력에 의해 넓어지고 그만큼 꿈꿀 수 있는 영역이 지구를 벗어나 우주로 확장된 것 아닐까?

공상 과학 영화 〈어벤져스: 엔드 게임〉에서 인간이 양자 규모인 극한의 소우주로 들어가 시간과 공간에 대한 모든 개념이 무의미해지는 이야기가 나온다. 나노미터 이하의 양자역학이 적용되는 세계로 이동하여 시간 여행을 한다는 상상 속 이야기가 현실 이야기처럼 사실적으로 펼쳐진다. 이런 양자역학을 이용한 공상 과학 같은 이야기들은 견고한 현실을 살아가는 세상에서 우리가 가질 수 있는 최고의 환상이 아닐까? 물론 불가능하다고 단정하고 싶지는 않지만.

극한의
시간과 공간

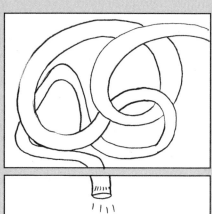

보이지 않지만
존재하는 것들

인간은 극히 일부분만을 볼 수 있는
맹인에 가까운 존재다.

고양이 두 귀가 마치 레이더처럼 움직인다. 시선은 앞으로 고정되어 있지만 귀는 32개의 미세한 근육을 움직여 열심히 물체를 확인한다. 무슨 소리를 들은 것일까? 기어가는 작은 벌레 소리를 들은 것일까? 하지만 주위에 아무것도 보이지 않는다.

고양이는 45헤르츠Hz에서 64킬로헤르츠KHz 사이의 진동수에 해당하는 영역의 소리를 들을 수 있다. 사람은 보통 20Hz에서 20KHz 사이의 소리를 들을 수 있다. 고양이는 한 음을 10개의 음으로 쪼개서 들을 수 있는 능력이 있다. 그만큼 음색을 예민하게 구분할 수 있는 음 분석력을 가지고 있다. 하지만 사람은 고양이가 들을 수 있는 고주파 영역의 소리를 전혀 들을 수 없다. 인간이 지닌 신체적 한계 때문이다.

"우주는 우리가 볼 수 없는 정체불명의 물질로 구성되어 있다!" 1933년, 이렇게 황당한 주장을 한 물리학자가 있었다. 바로 미국에서 활동한 스위스 천문학자 프리츠 츠비키Fritz Zwicky다. 그의 주장은 우주엔 우리가 눈으로 관측할 수 있는 물질은 4%뿐이고, 나머지는 암흑 물질 22%, 암흑 에너지 74%로 이루어져 있다고 밝혀졌다. 이 암흑 물질과 암흑 에너지는 우리 눈에 보이지 않는 것들이다. 당시에 암흑 물질에 관한 그의 주장에 귀를 기울이는 사람은 아무도 없었다. 당연히 관심을 모을 수 없었고, 그는 괴팍하고 고집 센 과학자 취급을 받았다.

시간이 흘러 1962년, 베라 루빈이라는 여성 천문학자가 은하에는 우리 눈에 보이지 않는 무거운 암흑 물질이 숨겨져 있다고 주장했다. 그렇게 프리츠 츠비키 교수의 주장은 다시 되살아났다.

인간은 오감 중 90%를 시각에 의지해 살아간다. 우리가 세상과 우주를 바라보는 방법은 전적으로 우리 눈으로 확인 가능한 빛에 의존한다. 눈에 보이는 세상보다 보이지 않는 세상이 더 넓고 광대하지만, 눈에 보이지 않으면 없는 것으로 생각한다. 엄연히 존재하고 있음에도 불구하고. 우주의 암흑 물질과 암흑 에너지 입장에서 인간을 바라본다면 인간은 극히 일부분만을 볼 수 있는 맹인에 가까운 존재다.

암흑 물질의 존재를 확인한 베라 루빈 박사 역시 여성 과학자라는 이유로 무시를 당했다. 그녀가 대학에 입학할 때 교사가 "너는 과학하고만 일정 거리를 유지하면 모든 일들이 잘 풀릴 거야."라고 말할 정도로 여성 과학자에 대한 차별이 심했다. 베라 루빈은 프린스턴대학교 대학원 과정에 등록하고자 했지만 성차별로 인해 입학하지 못했다.

과학은 진실을 추구하는 학문이다. 겉으로 보이는 지극히 일부분을 보고 진실을 이야기해서는 안 된다. 1978년 루빈과 그의 동료들은 11개의 은하를 관측한 결과를 통해 루빈 자신이 예측한 암흑 물질의 존재를 확인했다. 프리츠 츠비키 교수가 예언한 지 45년 만에 사실이 밝혀진 것이다. 우주의 나이 138억 년을 생각한다면 45년이라는 시간은 지극히 짧은 시간이지만, 고통 받는 당사자에겐 우주의 나이처럼 긴 시간 아니었을까?

내가 하고 싶은 이야기는, 눈앞에 있는 사실만 보고 이야기해서는 안 된다는 점이다. 암흑 물질과 암흑 에너지처럼 보이지 않는 96%의 세계가 존재한다는 것을 잊어서는 안 된다.

존재의
이유

나 혼자만 이런 생각을 한 것이 아니구나.

오래된 논문을
읽는 이유

내 연구의 많은 부분은 남들이 이미 수행한 연구 결과를 다시 공부하는 일이다. 예전에는 도서관에서 논문을 찾아 복사해서 읽었지만 지금은 인터넷에서 모든 저널의 논문을 찾아볼 수 있다. 그래서 예전보다 공부의 양이 더 많아졌다.

논문의 참고 문헌을 추적해 쫓아가다 보면 1930년대의 논문에까지 도달할 때가 있다. 이미 내가 하고 있는 연구의 실마리를 그 당시 논문에서 발견하게 되면 지금보다도 어려운 시절에 참 멋진 일을 했구나 하는 생각이 들곤 한다. 마치 고전 문학의 견고하고 멋진 문장들을 만났을 때의 감동이라고나 할까?

과거에 발표된 논문들을 읽다 보면 나 혼자만 이런 생각을 한 것이 아니구나, 참으로 똑똑하고 앞서 나간 사람들이 많구나, 하는 생각을 하게 된다. 이런 앞서 나간 사람들에 주눅이 들 때도 많지만, 더 분발해야지 하는 생각이 먼저 든다.

수업 시간에 학생들에게 이런 고전적인 논문을 많이 읽어 보라고 이야기한다. 하지만 학생들이 숙제 정도로 생각하는 것 같아 무척 안타깝다. 과학은 가장 객관적인 검증의 토대 위에서 꽃피우는 학문이다. 수많은 과학자들이 서로 경쟁하며 검증에 검증을 거쳐 사실을 밝혀내고, 오랫동안 검증한 결과를 기록한 것이 논문이다.

요즘 잘나가는 산업이 지금 막 시작된 것 같지만 전혀 그렇지 않다. 한 가지 예를 들면, 브라운관 TV가 사라지고 액정 LCD DV(디지털 비디오)가 나온 것은 1990년 초반의 일이다. 그 후 LCD가 서서히 책상에서 브라운관 TV를 몰아내더니 이제는 대세가 되었다.

액정은 액체이면서 고체의 성질을 갖는 중간 물질로, 1888년 오스트리아의 식물학자 프리드리히 라이니처Friedrich Reinitzer가 처음으로 발견했다. 그리고 100년 후 이 물질을 이용한 평판 TV가 처음으로 제작됐다. OLED TV 역시 그것의 물리학적 원리는 1950년에 발견됐지만 2007년에 이르러서야 일본에서 최초로 만들어졌다. 거의 60여 년이 지나 TV로 완성된 것이다.

현재 QLED TV의 핵심 기술인 퀀텀닷quantom dot은 1988년에 러시아 과학자 알렉세이 에키모프Alexey I. Ekimov에 의해 처음으로 발견됐다. 퀀텀닷은 크기가 수 나노미터 크기에 불과한 초미세 반도체 입자를 말한다. 2011년 우리나라에서 이 기술을 이용한 퀀텀닷 디스플레이가 처음으로 만들어졌다. 이 기술이 상용화되기까지 23년이 걸린 것이다. 앞으로 이런 개발의 속도는 분명 빨라질 것이다.

액정, 유기물 반도체, 퀀텀닷 물질은 기초 과학의 결과물이다. 뭐가 될지 모르지만 흥미로운 연구를 통해 얻은 자연스러운 결과물일 뿐이다. 도토리 한 알 한 알이 산을 풍요롭게 만들듯, 기초 과학의 결과물이 모여 우리의 삶을 풍요롭게 만든다. 도토리를 먹는 다람쥐도 있고, 도토리묵을 먹기 위해 산에 떨어진 도토리를 바삐 주워 가는 사람도 있고, 땅 위에서 썩는 도토리도 있을 것이다. 과학의 산이 풍요로워지기 위해서는 기초 과학 연구처럼 오랜 시간 돌보고 지켜보는 시간이 필요하다.

고전을 읽읍시다

새로운 것을 위해
쓸데없는 일을 하라

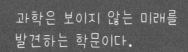

과학은 보이지 않는 미래를
발견하는 학문이다.

알다시피, 전자는 발견되었다. 1897년, 영국의 물리학자 J. J. 톰슨 Joseph John Thomson은 갖가지 기술적인 어려움에도 불구하고 원자 속에서 음전하를 띤 입자, 즉 전자를 발견했다. 120여 년 전의 일이다. 그 당시 사회는 어떠했을까? 당시에는 비행기도 없었다. 통신의 주요한 형식은 우편이었다. 자동차가 아닌 마차가 대중교통 수단이었다. 상업용 전기가 없던 시절이었다. 전기가 없던 시절에 전자를 발견한 것은 과학 연구의 본질을 말해 준다. 과학은 눈앞에 보이는 현실이 아니라, 보이지 않는 미래를 발견하는 학문이다.

당시 연구소의 수준을 평가하는 척도 중 하나가 전기를 축전할 수 있는 축전기의 용량이었다. 화학 축전기의 개수가 많을수록 훌륭한 연구소였다. 당시 축전기는 알레산드로 볼타 Alessandro Volta가 1800년에 고안한 것으로, 금속 전극과 물과 황산의 혼합물로 이루어진 축전기였다. 당연히 금속 전극이 부식되면서 역한 냄새가 났다. 이 축전기의 가장 높은 전압은 2볼트 정도였다. 이런 환경 속에서 전자를 발견한 것은 기적에 가까운 일이다. 전자를 발견한 J. J. 톰슨은 그 공로를 인정받아 1906년 노벨 물리학상을 받았다.

2019년 노벨 화학상은 리튬 이온 배터리 개발자들 3명에게 돌아갔다. 리튬 이온 배터리는 양극과 음극에서 산화 환원 반응에 의해 화학 에너지가 전기 에너지로 변환되는 장치다. 리튬 이온 배터리는 이차 전지로 에너지를 가역적으로 변화하여 충전하여 다시 쓸 수 있다.

이런 화학적인 기본 원리가 개발된 것은 1972년이었다. 리튬 이온 배터리는 양극, 음극, 분리막, 전해질로 구성된다. 이 중 양극과 음극의 전압 차이가 전압을 만들어 낸다. 뉴욕주립대학의 스탠리 휘팅엄Stanley Whittingham 교수, 텍사스대학의 존 구디너프John B. Goodenough 교수, 메이조대학의 요시노 아키라 교수는 리튬 이온 배터리의 핵심 물질인 양극활 물질과 음극활 물질을 연구한 과학자들이다.

이후 1991년 소니에 의해 리튬 이온 배터리가 상용화되었다. 지금은 그 용량이 거의 3배나 증가했다. 앞으로 리튬이온 배터리는 어떤 식으로 발전되고 응용될까? 우리는 그 미래를 정확히 예측할 수 있을까? 마치 전자의 발견처럼?

지금 우주의 별만큼이나 수많은 화합물과 혼합물이 새롭게 만들어지고 있다. 이를 이용해 무수한 발견을 할 수 있다. 어찌 보면 과학자들은 다양한 원소를 활용해 그림을 그리는 화가와 같다. 과학자들이 그리고 있는 미래는 과연 어떤 모습일까? 어떤 그림을 그릴 것인지, 사람들에게 어떤 영감과 감동을 줄 것인지를 고민하는 것은 과학자의 의무이자 사명이다. 작은 전자의 움직임을 이용해 스마트한 세상을 만들었다는 점에서, 2019년의 노벨상은 노벨의 유언처럼 인류의 복지 향상을 위한 발견에 수여된 것이 틀림없다.

노벨상을 수상한 요시노 아키라 교수는, 새로운 것을 만들어 내기 위해서는 쓸데없는 일을 하는 것이 중요하다고 이야기한다. 요즘 보면 자신의 눈앞만 바라보고 사는 사람이 많다. 나 역시 마찬가지다. 하루하루 앞만 보고 달려가고 있다. 그의 이야기처럼 우리 사회를 위해서라면 당장 눈앞에 보이는 일이 아니라 주위를 둘러보는 시선이 필요하지 않을까?

쓸 데 없는 일을
해보자!

끈기 있게
'사과나무'를 심자

50년 넘게 이어져 온 프로젝트가
완성을 향해 나아가고 있는 것이다.

학생들에게 모험적인 실험을 해 보자고 하면, 종종 "그게 가능할까요?" 하는 답이 돌아오곤 한다. 일을 시작하더라도 쉽게 포기해 버리는 경우도 많다. 시간과 노력이 들뿐 꾸준히 하다 보면 그 길에서 해답을 찾는 경우가 더 많은데 아쉬울 뿐이다.

1865년 쥘 베른은 과학 소설 《지구에서 달까지》를 발표했다. 인간이 포탄 속에 타서 달나라로 가는, 과감한 상상력이 담긴 소설이다. 그로부터 약 100년 후인 1969년, 아폴로 11호가 달에 착륙했다. 공상 과학 같은 상상력도 놀랍지만, 불가능한 이야기라며 멀리 치워 버리지 않은 점이 더 놀랍다. 지구에 사는 사람들에게 필요한 것은 이런 멋진 과학적 상상력이 아닐까. 끝없이 상상하고, 꿈을 꾸고, 노력을 하는!

몇 해 전 뉴스에서 국제 핵융합 실험로ITER: International Thermonuclear Experimental Recactor의 조립이 시작되었다는 소식을 접하고는 정말 깜짝 놀랐다. 핵융합 실험로에서 핵융합 발전을 통해 전기를 만들어 내는 일은 태양이 에너지를 만들어 내는 방식과 같다.

이 프로젝트가 시작된 것은 1985년이다. 미국의 레이건 대통령과 구소련의 고르바초프 대통령간의 미소 군축 협상에서 전격 합의로 진행된 프로젝트다. 노무현 정부 때인 2003년, 우리나라가 뒤늦게 ITER 프로젝트의 정식 회원국으로 참여하게 된 것은 분명 행운이었다. 듣자 하니, 국제 핵융합 실험로는 2025년 완공을 하고, 2040년 핵융합 발전 가능성을 실험하게 된다고 한다. 50년 넘게 이어져 온 프로젝트가 완성을 향해 나아가고 있는 것이다.

이 핵융합 프로젝트의 시작점을 찾자면 거의 100년 전으로 거슬러 올라간다. 양자역학이 태동한 시점이다. 1911년 어니스트 러더퍼드Ernest Rutherford가 원자핵의 존재를 밝히고, 1932년 제임스 채드윅이 중성자의 존재를 증명하는 등 20세기 초 물리학자들은 태양 에너지가 핵융합에 의한 것이라는 사실을 하나둘 밝혀내기 시작했다. 물리학적으로 단순하게 생각하면 우리 머리 위에 있는 태양은 수소로 이루어진 커다란 공이다. 태양이 불타는 이유는 원자번호 1번인 수소가 핵융합을 일으켜 원자번호 2번 헬륨으로 변하는 과정에서 잃어버린 질량이 빛과 열에너지로 바뀌기 때문이다. 이 핵융합 에너지에 대한 물리적 사실을 밝힌 과학자는 조지 가모브George Gamow였다.

각설탕 한 개 반 정도 되는 약 7.1g의 수소가 핵융합을 통해 만들어 낼 수 있는 에너지는 지구에서 1년 동안 석유와 석탄을 태워 만들어 낼 수 있는 에너지의 10배다. 여기서 질량과 에너지의 관계는 그 유명한 아인슈타인의 특수 상대성 이론 $E=mc^2$ 공식에 의해 설명될 수 있다. 중요한 것은 이 핵융합 방법이 우리가 지금까지 알고 있는 어떤 방법보다도 효율적으로 에너지를 만들 수 있게 해 준다는 점이다. 공해를 발생시키지 않는 점과 안전하다는 측면에서 원자력 발전과는 비교할 수 없는 장점이 있다.

한 치 앞도 예측하기 어려운 변화가 매일매일 일어나고 있다. 바이러스의 공격도 끈질기게 이어지고 있다. 하루하루 전쟁터 같은 상황이지만 지구의 삶은 진행될 것이다. 이럴 때일수록 필요한 것은 먼 미래를 내다보고 오늘보다 더 나은 내일을 향해 앞으로 나가는 일이 아닐까? 전쟁터에서 사과나무를 심는 것처럼 말이다.

이러지는 말자!

달이 차오른다,
가자!

"어디 있어요? 빨리 하늘의 노을을 보세요!" 문자가 날아온다. 책상에서 일어나 연구실 창문으로 하늘을 바라본다. 하루 종일 날씨가 좋았는데 또 이런 노을을 선사하다니. 요즘 하늘 풍경을 보는 재미로 산다고 한다면 과장일까? 하늘의 변화가 이리 아름다울 수 있다니. 가을비 오는 회색빛 하늘은 차분해서 좋고, 맑은 날 구름 역시 최고다. 해 질 녘 파란 하늘에 나타나는 달 풍경 역시 아름답다. 특히 가을 추석의 달은 외롭지 않아 좋다. 달이 있기에, 거대한 우주 공간 속 지구라는 작은 행성에 살고 있는 내 자신의 존재가 더욱 실감난다.

1865년 남북전쟁이 끝나자 포탄을 쏘거나 개발하는 사람들은 직장을 잃었다. 이들은 '포탄 클럽'을 만들어 자신들의 재주를 살릴 수 있는 기상천외한 생각을 하는데, 거대한 포탄을 만들어 달을 여행한다는 계획이다. 그들이 제작한 포탄 내부는 넓이 5m², 높이 3m의 크기였다. 그 속에 탐험가 3명과 사냥개 한 마리, 달에 심을 씨앗 몇 상자, 나무 열두 그루, 일년 치의 고기와 채소 통조림, 마시며 즐길 브랜디 50갤런을 실었다. 물은 두 달 치만 실었다. 그들은 달 표면에 많은 물이 있다고 생각했다.

이 이야기는 쥘 베른이 1860년대에 발표한 소설 『지구에서 달까지』, 『달나라 탐험』 속 이야기다. 소설 속 달나라 여행은 성공으로 끝이 난다. 소설이 사실이라면 3명의 탐험가는 달에 뿌린 씨앗으로 가을 추수를 하고, 가져간 브랜디로 축배를 들었을 것이다. 달은 그들이 심은 나무로 울창해졌을 것이고.

쥘 베른의 책 서문은 이렇다. "존경하는 동지 여러분, 정확하게 겨냥된 포탄이 초속 12킬로미터의 속도로 날아가면 달에 도달할 수 있습니다. 여러분, 나는 그 작은 실험을 해 보자고 정중하게 제안하는 바입니다." 소설가가 100년 전에 이런 생각을 하다니, 상상력이 정말 대단하다.

로켓이 지구를 벗어나 우주에 닿기 위해서는 아주 빠른 속도가 필요하다. 지구의 중력을 벗어난 후 떨어지지 않고 지구 주위를 돌면서 일정 궤도 안에 들어가야만 한다. 이 궤도보다 더 빨리 날아가면 우주 밖으로 튕겨 나가게 되고 이 궤도에 도달하지 못하면 지구로 다시 떨어지게 된다. 발사된 로켓이 일정한 속도를 유지해 안전하게 지구 주위를 돌며 원운동을 할 수 있어야 한다. 이때 지구 주위를 돌면서 지구로 떨어지지 않고 계속 원운동을 할 수 있게 해 주는 속도를 '궤도 속도'라고 한다.

지구를 벗어나기 위해서는 1초에 8킬로미터 정도는 날 수 있어야 한다. 우리나라에서 이루어진 나로호 1차 발사는 2단 로켓 추진체와 노즈 페어링부의 분리가 정상적으로 이뤄지지 않아 목표했던 초속 8킬로미터 궤도 속도에 이르지 못해서 실패했다. 초속 6.2킬로미터의 속도로 비행하다가 지구 중력을 벗어나지 못하고 대기권으로 떨어져 사라지고 만 것이다. 나로호 3차 발사 때는 초속 8킬로미터의 속도로 6분 정도 날다가 궤도 속도에 안전하게 진입했다. 국내 기술로 개발한 중형급 누리호는 700km 고도에는 도달했지만 궤도 안착은 실패했다.

쥘 베른 소설 속 주인공처럼 달에 갈 수 있다면 우주선에 무엇을 가지고 갈까? 충분한 먹거리를 포함해 여러 가지가 있지만, 무엇보다도 두 딸과 함께하고 싶다. 무슨 특별한 이유가 있을까. 그냥 그 자체로 멋지지 않을까?

같이
갑시다!

세상 한구석의
성실한 모험가들

아직도 이 연구를
하고 있구나.

연구실에 대학원생들이 입학하면 2년 동안 각기 다른 연구를 수행한다. 더디지만 넓게 연구를 하는 친구들도 있고, 놀랄 만큼 빠른 속도로 깔끔하게 자기에게 주어진 일만 처리하는 학생들도 있다. 연구비를 받은 만큼 성과를 내놓아야 하는 내 처지에서 보면 빠르게 연구 결과를 내 주는 학생이 고마울 뿐이지만, 당장의 결과보다는 가 보지 않은 땅을 밟아 보려는 학생의 발걸음에 더 마음이 가는 것도 사실이다.

몇 년 전, 30대 때 공동 연구를 진행했던 아르메니아공화국의 전파공학연구소에 들렀다. 머무는 동안 '아직도 이 연구를 하고 있구나.' 하는 감탄과 함께 반성을 했다. 빗겨난 세상 한구석에서 '언제 필요할지 모르지만' 어렵고 필요한 일을 꾸준히 하고 있다는 점에서 깊은 인상을 받았고, 마치 경주를 하는 사람처럼 연구를 속도전으로 생각하고 있는 나 자신을 진지하게 되돌아보게도 했다.

연구에도 유행이 있다. 마치 패션처럼. 한 사람이 새로운 결과를 내면 많은 학자들이 우르르 그 뒤를 쫓는다. 첨단과 새로움을 추구하는 물리학자 입장에서 보면 자연스러운 일인지도 모른다. 유행에 대한 한 예를 들면, 1886년 뢴트겐이 X선을 발견한 첫 해에 1000편의 X선 관련 논문이 나왔다. 당시 추산하건대 대략 1000명의 물리학자가 지구상에 있었던 시절이었다. 정작 뢴트겐은 두 편의 X선 관련 논문을 썼을 뿐이다.

그럼에도 과학자들이 유행만 뒤쫓는 건 아니다. 태양 전지 연구만 해도 아직도 꾸준히 연구되는 주제 중 하나다. 태양 전지는 태양광선의 빛

에너지를 전기 에너지로 바꿔 전류를 만들어 내는 장치다.

태양 전지 연구의 시작은 1839년으로 거슬러 올라간다. 프랑스의 에드먼드 베크렐Edmond Becquerel은 빛 에너지를 금속에 비추면 전류를 만들어 낼 수 있다는 광전 효과를 최초로 발견했는데, 이는 태양 전지 연구의 디딤돌이 되었다. 1870년에 하인리히 헤르츠에 의해 효율 2%의 태양 전지 셀이 발명됐으며, 1954년에 이르러서야 효율 4%의 태양 전지가 만들어졌다. 효율 2%를 증가시키기 위해 거의 60년의 노력이 필요했던 것이다. 1958년에는 미국 뱅가드 위성에 의해 태양 전지가 위성에 사용되기 시작했다.

그러다 태양 전지에 대한 관심이 1970년대에 폭발적으로 커졌다. 결정적인 계기는 바로 '오일 쇼크'였다. 화석 연료에 대한 의존도를 낮춰야 한다는 위기의식이 한몫했다. 태양 전지에 대한 열망은 15~20% 효율의 태양 전지 개발로 이어졌고, 최근 페로브스카이트 소재는 25% 이상 효율의 태양 전지를 가능하게 하고 있다. 이런 우연의 일치가 다 있나 싶은데, 신기하게도 페로브스카이트는 190년 전인 1839년에 러시아의 광물학자 레프 페로브스키Lev Perovsky가 발견한 광물이다. 페로브스키는 과연 페로브스카이트 태양 전지의 존재를 꿈이나 꿀 수 있었을까?

하루가 다르게 변화하는 산업화의 물결이 과학계를 이끌고 있다. 마치 다들 에베레스트 정상만을 오르기 위해 경쟁을 하는 듯하다. 하지만 정상에 오르는 사람들을 위해 베이스캠프에서 애쓰는 사람들의 노력을 잊어서는 안 된다. 우리 주변에 "아직도 이 연구를 하고 있구나." 하는 물리학자들이 많아질수록 우리가 도달하고자 하는 정상에 가까워질 것이다. 나는 그렇게 믿고 있다.

현명한 모험가

물리학의 쓸모를
물어본다면

블랙홀, 이건 아무데도
쓸모가 없을 것 같다!

대학원 시절 논문 발표를 마치자 지도교수가 내게 질문을 던졌다. "그건 어디에 써먹을 건가?" 갑자기 말문이 막혔다. '나에게는 중요한 일인데….'

내가 지금 연구하고 있는 주제에 관해 참고 문헌을 찾아본 적이 있다. 1930년대에 발표된 멋진 논문 한 편이 눈에 띄었다. 그 당시 이 논문을 쓴 물리학자는 어떤 생각으로 논문을 발표했을까? 중요한 것은 그의 과학적 접근이 지금 봐도 상당히 세련되고 앞서갔다는 점이다. 그리고 그 당시에 당장 뭔가에 써먹기 위해 이 논문을 쓰지는 않았을 것이라는 생각이 들었다. 혹시 90년 후 찾아올 한국의 물리학자를 위해 비밀 편지처럼 남겨 놓은 것은 아닐까?

당장 현실에 써먹을 수 있는 연구도 있고 그렇지 않은 연구도 있다. 심으면 금방 싹이 나는 씨앗도 있는가 하면 시간이 지나 때가 되면 싹이 트는 씨앗도 있다. 물리학자는 당장 현실에 써먹을 수 있는 일만 하는 것은 아니다. 고독한 예술가처럼, 언젠가 펼쳐질 새로운 미래를 위해 남들이 알아 주지 않더라도 자신의 연구에 몰입하기도 한다.

2020년 노벨 물리학상은 블랙홀 연구자 세 명이 공동으로 수상했다. 수학적 이론 연구를 한 89세 노령의 영국 수학자 로저 펜로즈Roger Penrose 교수, 블랙홀의 존재를 직접 관측한 라인하르트 겐첼Reingard Genzel 박사와 앤드리아 게즈Andrea Ghez 박사가 바로 그들이다.

펜로즈 교수의 업적은 블랙홀의 '특이점'을 수학적으로 증명한 것이다. 1965년, 그가 34세일 때의 일이다. 처음에는 일반 상대성 이론을 만든 아인슈타인조차 그의 이론에 반대했다. 아인슈타인은 특이점의 존재가 기존 물리학 법칙에 어긋날 뿐더러 상대성 이론이 불완전하다는 것을 의미한다고 여겼다. 하지만 56년이 지난 지금, 노벨위원회는 그가 상대성 이론의 직접적인 결과를 독창적인 수학적 방법으로 증명했고, 아인슈타인 이래 일반 상대성 이론에 가장 중요한 공헌을 했다고 평가했다. 그 당시와 지금, 무엇이 달라진 것일까?

그의 블랙홀 연구는 왜 중요할까? 그것도 수십억 년 떨어진 은하계의 블랙홀 연구가 말이다. 블랙홀과 같은 거대한 질량을 가진 물체가 진동할 때 시공간에 전파가 전달된다. 이 파동을 중력파라고 한다. 전하를 띤 물체가 진동할 때 발생하는 파동은 전파다.

이 전파에 대한 이론은 19세기 중후반 제임스 맥스웰에 의해 만들어졌고, 하인리히 루돌프 헤르츠Heinrich Rudolf Hertz에 의해 실험적으로 증명되었다. 이 두 사람의 과학적 발견으로 지금과 같은 전파의 시대가 열렸다. 당시 실험 장치로 전파를 만들어 낸 헤르츠에게 한 학생은 이 전파를 어디에 써먹을 수 있느냐고 물었다고 한다. 아이러니하게도 헤르츠의 대답은 이랬다. "전파, 이건 아무데도 쓸모가 없을 것 같다!"

오늘날 우리는 전파로 연결된 세상에 살고 있다. 누구도 벗어날 수 없다. 150년 전의 맥스웰과 헤르츠, 이 두 물리학자는 지금 우리를 본다면 어떤 생각을 할까? 반대로, 지금으로부터 150년이 지난 후 블랙홀과 중력파를 발견한 물리학자들은 과연 어떤 세상을 꿈꾸고 있을까? 아마도 중력파로 연결된 세상을 꿈꾸고 있지 않을까? 코로나로 인해 세상이 정지해 있는 것처럼 느끼지만 세상은 열심히 앞으로 나아가고 있다.

하다
보면 .....

만만한 물리학은
어떻게 됐을까...?

3021. 12. 15
우주호텔에서

이기진 교수의 만만한 물리학

1판 1쇄 발행 2021년 12월 15일

지은이 이기진

펴낸이 이민 · 유정미
편집 최미라
디자인 제이더블유앤파트너즈
펴낸곳 이유출판

주소 34630 대전시 동구 대전천동로 514
전화 070-4200-1118
팩스 070-4170-4107
전자우편 iu14@iubooks.com
홈페이지 www.iubooks.com
페이스북 @iubooks11

정가 15,000원
979-11-89534-24-0 (03420)

ⓒ이기진 2021

이 도서는 한국출판문화산업진흥원의
'2021년 출판콘텐츠 창작 지원 사업'의 일환으로
국민체육진흥기금을 지원받아 제작되었습니다.